Rames Abdelhamid

Das Vieweg LaTeX 2_ε-Buch

Rames Abdelhamid

Das Vieweg LaTeX2ε-Buch

Eine praxisorientierte Einführung

3., vollständig überarbeitete und erweiterte Auflage

1. Auflage 1992
2., verbesserte Auflage 1992
3., vollständig überarbeitete und erweiterte Auflage 1996

Das in diesem Buch enthaltene Programm-Material ist mit keiner Verpflichtung oder Garantie irgendeiner Art verbunden. Der Herausgeber, die Autoren und der Verlag übernehmen infolgedessen keine Verantwortung und werden keine daraus folgende oder sonstige Haftung übernehmen, die auf irgendeine Art aus der Benutzung dieses Programm-Materials oder Teilen davon entsteht.

Gedruckt auf säurefreiem Papier

ISBN 978-3-528-25145-1   ISBN 978-3-322-92857-3 (eBook)
DOI 10.1007/978-3-322-92857-3

Zu diesem Buch

LaTeX ist ein leistungsstarkes Satzsystem, mit dem sich Texte jeder Art in ästhetisch überzeugender Form zu Papier bringen lassen.

LaTeX ist populär geworden, weil damit Formeln sehr leicht zu setzen und zu drucken sind. Das bedeutet jedoch nicht, daß es nur ein Werkzeug für Mathematiker wäre. LaTeX ist für jeden Autor geeignet, von dem ansprechend aufbereitete Texte erwartet werden, der sich an vertrakte Satzvorschriften von Fachzeitschriften, Verlagen oder Vorgesetzen halten muß. Dabei spielt es keine Rolle, ob Sie Natur- oder Geisteswissenschaftler sind oder sich Ihr Geld als technischer Redakteur verdienen, ob Sie gerade promovieren und Ihre Dissertation sauber drucken lassen möchten, ob Sie Belletristik, Programmdokumentationen oder Kochbücher verfassen, oder ob Sie einfach nur Freude an schön gestalteten Texten haben.

Tabellen, komplizierte mathematische Formeln, tief geschachtelte Gliederungen, Inhaltsverzeichnisse, Fußnoten – all die Dinge, die Sie bei konventionellen Textverarbeitungen zur Verzweiflung bringen können – verlieren bei LaTeX ihren Schrecken.

LaTeX wird man nicht gerade als intuitiv benutzbare Software bezeichnen können. Die Einarbeitung ist jedoch nicht sonderlich schwer, selbst wenn die Kommandosprache auf den ersten Blick vielleicht etwas kryptisch wirkt. Sie werden schon nach kurzer Zeit bemerken, daß Sie mit LaTeX sehr schnell, sehr produktiv arbeiten können.

Dieses Buch soll Sie bei der Arbeit begleiten: Dem Einsteiger wird eine kompakte und leicht verständliche Einführung und dem fortgeschrittenen LaTeX-Anwender eine Quelle zum raschen Nachschlagen an die Hand gegeben.

Um das Buch kompakt zu halten, mußte eine Auswahl getroffen werden: Von den weit über 700 LaTeX-Kommandos werden diejenigen behandelt, die bei der Alltagsarbeit am häufigsten verwendet werden. Auf die Modifikation von LaTeX selbst wird hier nicht eingegangen.

...und seinem Leser

Dies ist ein Buch für Einsteiger. Es geht also nicht darum vorzuführen, wie weit man LaTeX ausreizen kann. Vielmehr soll Ihnen gezeigt werden, wie Sie in kurzer

Zeit effektiv mit LaTeX arbeiten können. Um dieses Buch nutzen zu können, sollten Sie in der Lage sein, auf Ihrem Computer einen Editor (zum Erfassen der Texte) bedienen und LaTeX starten zu können. Mit welchem Rechner- oder Betriebssystem Sie arbeiten, spielt keine Rolle.

...und der LaTeX-Version

Diese dritte Auflage des Buches behandelt LaTeX 2_ε, das die LaTeX-Version 2.09 von 1985 ersetzt und mittlerweile den neuen LaTeX-Standard darstellt.[1]

Aufbau

Nach der Vorstellung des Konzeptes, das hinter TeX und LaTeX steht, zeigt das erste Kapitel, wie man mit LaTeX arbeitet: wie man Texte erfaßt, was LaTeX-Befehle sind und wie sie eingegeben werden. Anhand eines einfachen Textes wird der Weg vom Erfassen des Textes bis zur Druckausgabe erklärt.

Im zweiten Kapitel wird ausführlich auf die Texteingabe eingegangen. Es wird u.a. gezeigt, wie Umlaute, Akzente, fremdsprachige Zeichen, Anführungsstriche usw. einzugeben sind.

Die nächsten vier Kapitel befassen sich mit der Formatierung von Texten auf unterschiedlichen Ebenen: der Zeichen-, der Absatz-, der Seitenformatierung und schließlich der Formatierung des Gesamtdokumentes.

In den folgenden Kapiteln geht es dann um spezielle Aufgabenstellungen – um Gliederungen und Inhaltsverzeichnisse, Querverweise, Fußnoten, verschiedene Formen von Listen, Tabellen, den Satz mathematischer Formeln, Grafiken etc. Außerdem wird demonstriert, wie man größere Texte verwaltet, eigene LaTeX-Kommandos definiert, einfache Grafiken zeichnet und sog. Textboxen erzeugt. Dem Thema Fehlermeldungen ist ein eigenes Kapitel gewidmet.

Wie soll man das Buch lesen? Der Anfänger sollte die ersten sechs Kapitel der Reihe nach lesen und dabei möglichst viel am Rechner üben. Die anderen Kapitel können dann ganz nach Bedarf gelesen werden. Wenn es dort Bezüge auf frühere Kapitel gibt, sind diese angegeben.

Die verwendete Hard- und Software

Die Auswahl der Hard- und Software, die bei der Erstellung dieses Buches Verwendung fand, zeigt, daß man mit LaTeX auch ohne große Investitionen zu guten

---

[1]Hinweise für den Umgang mit Texten, die unter der älteren Version verfaßt wurden, finden Sie auf Seite 197.

Druckergebnissen kommen kann. Das Buch wurde mit frei erhältlicher *public domain*-Software – emTeX von Eberhard Mattes – gesetzt und gedruckt.

Die Hardware-Anforderungen für TeX bzw. LaTeX halten sich in Grenzen: Gearbeitet wurde mit einem gewöhnlichen 486er PC. Gedruckt wurde mit einem HP LaserJet IIIp.

Dieses Buch wurde ausschließlich mit Befehlen gesetzt, die hier auch behandelt werden. Lediglich für die Kopfzeilen wurde ein Makro geschrieben, um das Layout dem Erscheinungsbild anderer Vieweg-Bücher anzupassen.

VIII

Inhaltsverzeichnis

Tabellenverzeichnis

Kapitel 1

Erste Schritte

Dieses Kapitel soll Sie zunächst mit dem Konzept vertraut machen, das hinter LaTeX steht. Dann wird kurz erläutert, wie mit LaTeX gearbeitet wird und wo die wesentlichen Unterschiede zu einer konventionellen Textverarbeitung liegen. Schließlich wird Ihnen gezeigt, wie Befehle der LaTeX-Kommandosprache aussehen. Details hierzu folgen dann in späteren Kapiteln.

1.1 TeX und LaTeX

1.1.1 TeX

TeX ist ein Satzsystem, ein Programm, dem ein Text übergeben wird und – in Form einer Befehlssprache – eine Beschreibung, wie der zu setzende Text später aussehen soll. Wenn Sie lernen wollen, mit TeX oder mit LaTeX zu arbeiten, bedeutet das für Sie vor allem, diese Befehlssprache zu erlernen.

TeX ist eine Entwicklung des amerikanischen Computerwissenschaftlers Professor Donald Knuth. Ende der siebziger Jahre vorgestellt, ist TeX heute auf praktisch allen professionell nutzbaren Rechner-Systemen verfügbar. Das hat unter anderem den Vorteil, daß TeX- und LaTeX-Texte „portierbar" sind, d.h. es spielt keine Rolle, auf welchem Rechner oder unter welchem Betriebssystem ein Text erfaßt wurde und wo er schließlich ausgedruckt oder überarbeitet wird. Als Autor können Sie Ihren Text auf einem PC erfassen – auf welchem System der Verlag TeX laufen läßt, muß Sie nicht interessieren. Auch angesichts der Etablierung von eMail als neuem Kommunikationsmedium ist das ein unschätzbarer Vorteil gegenüber systemabhängigen Textverarbeitungen.

Die Verbreitung und Beliebtheit des Programmes erklärt sich schlicht durch seine konkurrenzlose Mächtigkeit. Mit keiner Textverarbeitungs-Software, mit keinem DTP-Programm lassen sich Texte von so hoher ästhetischer Qualität produzieren. Außerdem ist TeX *public domain*-Software, d.h. das Programmpaket wird kostenfrei weitergegeben. Damit haben Studenten, Universitätsinstitute etc. die Möglichkeit, ohne große Investition mit diesem System zu arbeiten.

1.1.2 LaTeX

TeX ist ein sehr leistungsfähiges und entsprechend schwierig zu bedienendes Werkzeug für Spezialisten. Das Wissen solcher Spezialisten, das Wissen über die professionelle Gestaltung von Texten, ist in LaTeX eingeflossen. LaTeX ist ein Makro-Paket des Amerikaners Leslie Lamport. Es basiert auf TeX. Die komplizierten Befehlssequenzen, die Sie benötigen, um mit TeX einen bestimmten Effekt zu erzielen, werden in LaTeX oft zu einem einzigen Befehl zusammengefaßt (eine solche Zusammenfassung wird als Makro bezeichnet).

LaTeX ist allerdings mehr als eine Vereinfachung von TeX, es ist eine Art Instanz zwischen Ihnen, dem Autor, und dem hochqualifizierten Setzer TeX.

TeX überläßt Ihnen die gesamte visuelle Gestaltung Ihres Textes. Wenn Sie von Beruf Setzer sind oder sehr viel Zeit (und Lernaufwand) in die optische Gestaltung Ihrer Texte investieren können und wollen, mag das kein Problem sein. Wenn Sie aber in erster Linie Autor sind, wird Ihnen LaTeX entgegenkommen. LaTeX vermittelt zwischen Ihnen und TeX. Das geschieht zum einen mit der erwähnten Vereinfachung der Anweisungen und zum anderen mit dem Konzept der Dokumentenklassen. Dokumentenklassen sind vorgefertigte Layouts – für Bücher, kurze Artikel, längere Abhandlungen und Briefe.

Bevor Sie Ihren Text eingeben, fügen Sie eine Anmerkung für LaTeX ein, die besagt, *wie* dieser Text zu setzen ist. Mit dem Befehl

```
\documentclass{book}
```

erreichen Sie z.B., daß Ihr Text als Buch gesetzt wird. LaTeX wird diese Anweisung bei der Aufbereitung des Textes dann in eine größere Zahl komplizierter TeX-Befehle übersetzen, und TeX wird das Dokument schließlich so setzen, wie das erwünscht ist. Das spart Ihnen Arbeit, und Sie gelangen zu einem ansehnlichen Ergebnis, ohne sich in die Geheimnisse der Typografie einarbeiten zu müssen. Sie können sich dadurch vollkommen auf den Inhalt Ihres Textes konzentrieren. Sie beschreiben LaTeX, wie Sie die logischen und inhaltlichen Strukturen Ihres Textes hervorgehoben haben wollen, wie eine Tabelle, eine Grafik aussehen soll - und LaTeX sagt dem Setzer TeX, wie er das ganze zu verwirklichen hat. Die visuelle Realisierung wird damit vollständig der Software überlassen.

Ein angenehmer Seiteneffekt: Die Fehler, die schlechte Setzer mit guten DTP-Programmen machen können, werden Ihnen mit LaTeX wahrscheinlich nicht unterlaufen. Als Laie neigt man dazu, einen Text mit dem optischen Firlefanz zu überladen, den DTP-Systeme anbieten. LaTeX ist ein hochqualifizierter Designer, dem Sie den Text mit ein paar Anmerkung über die gewünschte Form übergeben. Mit dem

Satz gemäß diesen Anmerkungen haben Sie nichts mehr zu tun. Das ist eine Sache zwischen LaTeX und TeX.

Betrachten Sie LaTeX also als freundlichen und vor allem kompetenten Ratgeber, an dessen Ratschläge Sie sich halten sollten. Wenn LaTeX ein Design für ein Buch vorschlägt, steckt das Wissen und die Erfahrung von Profis dahinter. Laien in dieser Domäne sollten dies respektieren. Deswegen wird in diesem Buch auch nicht gezeigt, wie man versuchen kann, *besser* als LaTeX zu sein.

Obwohl Sie LaTeX von TeX fernhält, wird Ihre Flexibilität dennoch nicht eingeschränkt. Die Dokumentenstile sind (in gewissen Grenzen) variierbar, und Sie können jedem Text ein individuelles Aussehen geben. Mit LaTeX lassen sich dadurch praktisch alle Probleme lösen, die bei der Abfassung jeder Art von Dokumenten auftreten können. In den wenigen denkbaren Fällen, in denen LaTeX seine Grenzen erreicht, ist es möglich, LaTeX zu modifizieren.[1] Man sollte vor diesem Unterfangen jedoch prüfen, in welchem Verhältnis Aufwand und Nutzen einer solchen Aktion stehen. Das Design eines Textes soll dem Leser schließlich das Lesen erleichtern und ihm nicht zeigen, was Ihr Satzsystem kann.

1.2　Einen Text erfassen

TeX bzw. LaTeX ist ein Satz- oder Formatierungssystem – keine Textverarbeitung. Der erste und augenfälligste Unterschied zu einer Textverarbeitung betrifft die Art der Texteingabe. Wenn Sie, angenommen, mit *Word für Windows* arbeiten, tippen Sie Ihren Text ein und überall dort, wo Sie besondere Formatierungen wünschen, drücken Sie eine bestimmte Tastenkombination oder klicken mit der Maus bestimmte Formatierungssymbole an. *WinWord* zeigt Ihnen (in gewissen Grenzen) dann den Text so an, wie er später ausgedruckt wird. Dies wird als WYSIWYG-Prinzip bezeichnet (*what you see is what you get*). Das Programm kann den von Ihnen visuell gestalteten Text schließlich ausdrucken.

Wenn Sie auf LaTeX umsteigen, müssen Sie ein wenig umlernen. Das System verfügt über keinen Editor. Sie müssen den Text also mit einem anderen Programm erfassen und dann an TeX übergeben. Sie haben richtig gelesen: Der Text wird nicht an ein Programm LaTeX übergeben, sondern an das Programm TeX, das bei der Installation in die Lage versetzt wurde, LaTeX-Eingabedateien zu verarbeiten. Diese Eingabedateien tragen die Namenserweiterung `.tex`.

TeX überträgt den übergebenen Text dann zunächst in einen geräteunabhängigen Code. Diese Datei trägt die Extension `.dvi`. Geräteunabhängig bedeutet, daß diese Dateien von verschiedenen Ausgabesystemen weiterverarbeitet werden können, z.B. einem sog. *preview*-Programm oder einem Druckertreiber. Ein *preview*- oder Seitenvorschau-Programm ist eine Software, die Ihnen am Bildschirm anzeigt, wie

---

[1]Im Literaturverzeichnis des Anhangs finden Sie Bücher zu diesem Thema.

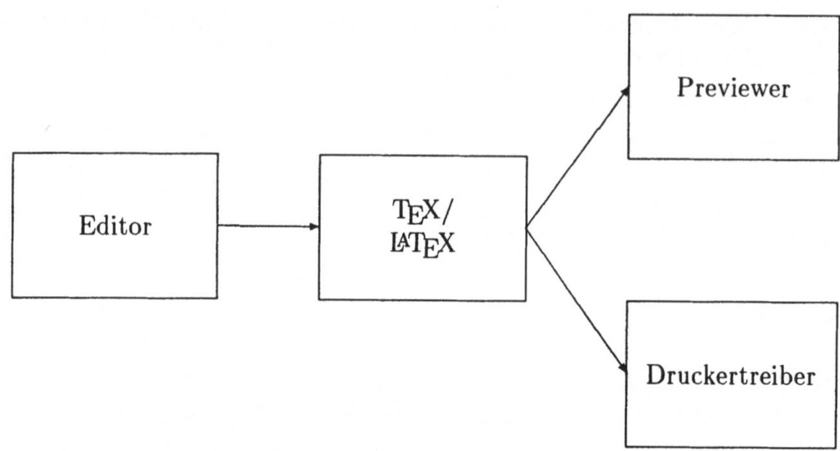

Abbildung 1.1: Textverarbeitung mit TEX/LaTEX

Ihr Dokument später auf dem Papier aussehen wird. Der Druckertreiber ist eine Software, die die `.dvi`-Datei schließlich zu Papier bringt: auf einem Nadel- oder Laserdrucker oder über einen Satzbelichter. Sie arbeiten als LaTEX-Anwender demnach mit (mindestens) vier separaten Programmen: Editor, TEX, Seitenvorschau und Druckertreiber. Das *preview*-Programm ist kein Muß, aber ein überaus nützliches Hilfsmittel. Abbildung 1.1 stellt den Arbeitsablauf schematisch dar.[2]

Für die Eingabe Ihres Textes benötigen Sie einen Editor oder ein Textverarbeitungsprogramm, das „reinen" ASCII-Code erzeugt, d.h. den Text ohne Steuerzeichen speichert. Editoren, wie sie Programmierer benutzen, sind im allgemeinen besser für die Erfassung von LaTEX-Texten geeignet als Textverarbeitungsprogramme, da sie eine Reihe von Funktionen wie z.B. automatisches Einrücken bieten, die die Abfassung solcher Texte erleichtern.

Es gibt für TEX sogenannte Shells, die den Anwender von den einzelnen kommandozeilenorientierten Software-Komponenten abschirmen und sie stattdessen in einer einheitlichen Arbeitsumgebung integrieren. Zum Teil unterstützen Sie den Autor auch dadurch, daß sie ihn TeX - oder LaTEX-Befehle per Mausklick auswählen lassen. Ein solches System, TeXtelmExtel für Windows, wird auf Seite 212 kurz vorgestellt.

---

[2]Wie solche Grafiken erzeugt werden, zeigt Ihnen Kapitel 15.

1.3 LATEX-Befehle

Für LATEX bestimmte Texte[3] bestehen aus Informationen für den Leser und aus
Satzanweisungen – den LATEX-Kommandos. Die meisten Kommandos bestehen aus
einem Befehlswort oder Symbol, dem ein umgekehrter Schrägstrich voransteht. Das
\-Zeichen (das meist als *backslash* bezeichnet wird) signalisiert LATEX, daß das folgende Wort oder Symbol als Befehl zu interpretieren ist und nicht als zu setzender
Text. So bewirkt z.B. \Large das Umschalten auf eine größere Schrift. Beachten Sie
bitte,

▷ daß LATEX streng zwischen Groß- und Kleinschreibung unterscheidet. \large,
   \Large und \LARGE sind für LATEX drei unterschiedliche Befehle,

▷ daß sich LATEX-Befehlsworte nicht über mehr als eine Zeile erstrecken können
   (also nicht durch einen Umbruch getrennt werden dürfen).

Befehle enden für LATEX mit dem ersten Zeichen, das kein regulärer Buchstabe ist.
Die folgenden Zeile

```
\LargeHier beginnt ein Riesentext
```

würde LATEX die Fehlermeldung

```
Undefined control sequence.
```

ausgeben lassen, weil erfolglos versucht wird, einen Befehl \LargeHier zu verarbeiten. Zwischen einem Befehl und dem nachfolgenden Wort muß also ein Leerzeichen,
ein Satzzeichen oder ein Symbol stehen.

Dem *backslash* können außer den meist recht gut zu merkenden Befehlsworten auch
Satzzeichen oder Symbole folgen. Z.B. bewirkt \$ die Ausgabe des Dollarzeichens.

Einem LATEX-Kommando können einzelne oder mehrere Parameter folgen. Parameter sind Angaben, die einen Befehl genauer spezifizieren. Wenn Sie z.B. das Layout
eines Dokumentes wählen, teilen Sie das LATEX mit dem Befehl \documentclass mit
und geben dann als Parameter an, *welches* Layout Sie wählen.

Befehle wie der \documentclass-Befehl erwarten einen Parameter. Solche Parameter, die man eingeben *muß*, werden in die geschweiften Klammern { und } eingefaßt.
Einigen Kommandos können optionale Parameter nachgestellt werden - d.h. man
kann sie eingeben, muß das aber nicht tun. Optionale Parameter stehen in den eckigen Klammern [und]. Schauen Sie sich einmal die folgende Befehlszeile an:

```
\documentclass[12pt,a4paper]{article}
```

---

[3]Diese werden hier auch als Quelltexte bezeichnet – zur Unterscheidung vom endgültigen Text,
wie er später auf dem Papier erscheint.

Mit dieser Zeile wird am Anfang eines Dokumentes das Layout `article` ausgewählt (worauf später genauer eingegangen wird). Da man bei der Auswahl des Stiles angeben *muß*, welches Layout man wünscht, wird der Parameter `article` in geschweifte Klammern gesetzt. Der Parameter 12pt wählt als Schriftgroße 12 Punkt aus. Ohne diese Angabe setzt LATEX den Text von sich aus mit einem Schriftgrad von 10 pt. Dieser Parameter muß also nicht unbedingt angegeben werden, damit LATEX den Text bearbeiten kann - er steht deshalb in eckigen Klammern.

Sie sehen an dieser Zeile, daß man Parameter teilweise auch aufzählen kann. Sie werden dann durch Kommata getrennt. In diesem Fall wurde mit dem `a4paper`-Parameter DIN A4 als Papierformat gewählt.

Einigen Befehlsnamen kann ein Sternchen `*` angehängt werden, das die Interpretation des Kommandos durch LATEX beeinflußt. Z.B. erzwingt das Kommando `\\` einen Zeilenumbruch. Versieht man den Befehl mit einem Sternchen (`*`), wird ebenfalls eine neue Zeile begonnen – allerdings wird durch die Modifikation ausgeschlossen, daß es an dieser Stelle zu einem Seitenumbruch kommen kann. So kann sichergestellt werden, daß Aufzählungen oder Tabellen auf einer Seite gehalten werden.

Eine Gruppe von LATEX-Befehlen wird als instabil (*fragile*) bezeichnet. Bei der Verwendung dieser Befehle kann es in seltenen Fällen zu Problemen kommen. Instabilen Befehlen wird dann die Anweisung `\protect` vorangestellt, um sie zu „schützen". Ein Anhang befaßt sich mit diesem Thema (Seite 209 ff.).

1.4   Pakete

Die Funktionalität von LATEX kann durch Erweiterungen, sogenannte *packages*, ergänzt oder erweitert werden. Eine solche Erweiterung ist z.B. das `german`-Paket, das Eigenheiten deutschsprachiger Texte unterstützt (Umlaute, Datumsdarstellung u.v.m.). *Packages* werden mit dem Befehl

```
\usepackage{PaketName}
```

in einen Text eingebunden und aktiviert. Es können mehrere Pakete in ein Dokument eingebunden werden. In diesem Fall werden entweder mehrere `\usepackage`-Anweisung eingegeben, oder die Namen der Pakete werden in einer einzigen Anweisung, durch Kommata getrennt, aufgezählt:

```
\usepackage{german,float,epic}
```

Bei bestimmten Paketen werden dem `\usepackage`-Befehl optionale Parameter angegeben.

```
\usepackage[optionaler_parameter]{Paket(e)}
```

Der optionale Parameter gilt dann für alle Pakete, die mit dieser Anweisung geladen werden. Ein optionaler Parameter einer \documentclass-Anweisung wirkt auf alle Pakete, die in diesem Dokument geladen werden.

Mit dem LATEX-System wird eine ganze Bibliothek von Paketen verteilt, auf die im Laufe des Buches z.T. noch eingegangen wird. Sie enthalten beispielsweise erweiterte Grafikfunktionen oder eben die genannte Sprachunterstützung. Daneben sind unzählige Pakete frei erhältlich, die weitere Funktionen für alle denkbaren Anwendergruppen bereitstellen.[4]

In diesem Buch werden über dreißig ausgewählte Pakete vorgestellt. Um den Umfang in Grenzen zu halten, werden aber oftmals nur ihre wichtigsten Funktionen beschrieben. Sie sollten deshalb stets auch einen Blick in die Dokumentation des jeweiligen Paketes werfen. Diese befindet sich entweder in einem .tex oder .dtx-File, das von LATEX übersetzt und gedruckt werden kann, oder einem .doc-File im reinen ASCII-Format. Wenn nur eine .sty-Datei mitgeliefert wird, also der eigentliche Code des Paketes, findet sich in diesem meist eine kurze Dokumentation in Form von Kommentaren.

1.5 Der Textrahmen

Nachdem Ihnen nun LATEX-Befehle nicht mehr vollkommen fremd erscheinen, sollten Sie ein paar Befehlszeilen kennenlernen, die den einfachsten Rahmen für LATEX-Texte bilden. Damit haben Sie die Möglichkeit, Übungstexte abzufassen, mit denen Sie das in den kommenden Kapiteln Gesagte nachvollziehen können.

In der ersten Befehlszeile wird stets der Dokumentenstil festgelegt. Es soll hier das Layout `article` gewählt werden. Außerdem soll die deutsche LATEX-Anpassung in Form eines *packages* benutzt werden. Diese Anpassung erlaubt die vereinfachte Eingabe von Umlauten, die Datumsausgabe im üblichen Format usw. Die ersten Textzeilen sehen deshalb so aus:

```
\documentclass{article}
\usepackage{german}
```

Hier soll außerdem noch eine Zeile eingefügt werden, auf deren Bedeutung ebenfalls später noch eingegangen wird. Das Kommando

```
\sloppy
```

---

[4]Eine umfassende Darstellung von über 150 Paketen findet sich im „LATEX-Begleiter"von Goosens, Mittelbach und Samarin. Hier wird auch gezeigt, wie Sie selbst solche LATEX-Erweiterungen schreiben können. Wenn Sie selbst erkennen, daß Sie mit den angebotenen Möglichkeiten von LATEX und den verfügbaren Paketen nicht all Ihre Aufgaben lösen können – was freilich eher unwahrscheinlich sein dürfte – sollten Sie über die Entwicklung eigener *packages* nachdenken.

weist LaTeX an, beim Blocksatz weniger penibel vorzugehen als sonst: Wenn die Silbentrennung keine Trennstelle in einem langen Wort findet, darf das Wort in die nächste Zeile geschoben und die aktuelle Zeile mit Leerraum aufgefüllt werden. Damit werden die Probleme, die LaTeX bzw. TeX mit der deutschen Silbentrennung haben können, bis zu einem späteren Kapitel umgangen.

Nun muß LaTeX gezeigt werden, wo der Text beginnt und wo er aufhört. Dafür wird ein übergreifender Bereich definiert, der in `\begin` und ein `\end` eingefaßt wird. Dieser Bereich trägt die Bezeichnung `document`. Demnach besteht ein „leerer" LaTeX-Textrahmen aus der unten abgedruckten Anweisungssequenz. Die Punkte markieren den Bereich, in dem später Ihr Text stehen wird:

```
\documentclass{article}  ⎫
\usepackage{german}       ⎬  Präambel
\sloppy                   ⎭

\begin{document}          ⎫
      ...                 ⎬  Textteil
\end{document}            ⎭
```

Abbildung 1.2: Ein LaTeX-Textrahmen

Der Block vor dem `\begin{document}`-Kommando wird als Präambel bezeichnet. In der Präambel kann eine ganze Reihe von Befehlen untergebracht werden, die für das gesamte Dokument gelten. Befehle mit diesem Wirkungsbereich werden als global bezeichnet. Der Präambel folgt der von `\begin{document}` eingeleitete und mit `\end{document}` beendete Textteil. Beachten Sie bitte, daß Pakete stets in der Präambel eingebunden werden.

1.6 Vom Text zum Ausdruck

Bevor die Details der Abfassung von LaTeX-Texten besprochen werden, sollten Sie sich mit Ihrer Arbeitsumgebung vertraut machen. Spielen Sie hierfür den Arbeitszyklus *Schreiben – Aufrufen von TeX – Betrachten des Textes mit dem Previewer – Ausdrucken mit dem Druckertreiber* einmal durch. Klären Sie bitte vorher, wie die einzelnen Programme auf Ihrem System zu starten sind.

Rufen Sie zunächst Ihren Editor auf. Tippen Sie dann den leeren Textrahmen ab und fügen Sie ein paar Zeilen ein (die generell nicht länger als 75–80 Zeichen lang sein sollten). Beachten Sie, wie die Umlaute im folgenden Beispiel eingegeben wurden – eine Besonderheit auf die gleich eingegangen wird.

```
\documentclass{article}
```

```
\usepackage{german}
\sloppy
\begin{document}
  Dies ist ein erster Probetext. Mit ihm soll der
  Zyklus von der Texteingabe bis zum Drucken einmal
  durchgespielt werden. Es folgt nun gleich eine
  Leerzeile, die bei \LaTeX\ das Ende eines Absatzes
  anzeigt.

  Sie haben oben einen Befehl gesehen, der das
  bekannte Logo von \LaTeX\ ausgibt. Achten Sie bitte
  darauf, da"s der Befehl exakt in dieser Form einzutippen ist,
  sonst erhalten Sie eine Fehlermeldung.
\end{document}
```

Speichern Sie diesen Text unter dem Namen `test.tex` ab, und rufen Sie LaTeX mit der Angabe des Textnamens auf. Das geschieht meist mit dem Befehl

```
latex test
```

Wenn Ihnen ein Fehler bei der Eingabe unterlaufen ist, wird LaTeX bei der Übersetzung eine Fehlermeldung ausgeben und anzeigen, wo der Fehler gefunden wurde. Der Umgang mit Fehlern wird in Kapitel 18 erläutert.

LaTeX übersetzt diesen Text nun, d.h. er wird in ein Zwischenformat übertragen, das von anderen Programmen weiterverwendet werden kann. Diese geräteunabhängige Datei heißt `test.dvi`.[5]

Diese Datei kann von einem sog. Druckertreiber oder von einem Seitenvorschau-Programm verarbeitet werden. Bevor Sie den Text ausdrucken, sollten Sie sich das Produkt Ihrer Arbeit von dem *preview*-Programm anzeigen lassen.

---

[5]Ein Verzeichnis der üblichen Datei-Extensionen finden Sie im Anhang auf Seite 208.

Kapitel 2

Die Texteingabe

In diesem Kapitel wird gezeigt, wie der eigentliche Textteil eines LaTeX-Dokumentes einzugeben ist.

2.1 Worte, Zeilen, Absätze

Im Gegensatz zu Textverarbeitungsprogrammen ist es für LaTeX unerheblich, in welcher Form Sie Ihren Text eintippen. Leerstellen zwischen Worten setzt LaTeX grundsätzlich als *eine* Leerstelle. Zeilenumbrüche werden ignoriert, weil LaTeX den Umbruch selbst vornimmt. Eine *Leer*zeile leitet einen neuen Absatz ein. Schauen Sie sich hierzu das folgende, etwas übertriebene Beispiel an.

```
Dieser
  Text
    hat                             ein
      seltsames
    Aussehen,          trotzdem            wird
    er korrekt gesetzt.

Eine Leerzeile leitet einen neuen Absatz ein.
```

Ausgegeben wird der Text folgendermaßen:

Dieser Text hat ein seltsames Aussehen, trotzdem wird er korrekt gesetzt.

Eine Leerzeile leitet einen neuen Absatz ein.

Ein gewöhnlicher Zeilenumbruch hat für LaTeX also keine Bedeutung. Ein Zeilenwechsel innerhalb eines Absatzes (nicht zu verwechseln mit dem Beginn eines neuen Absatzes) wird mit dem speziellen Befehl

```
\newline
```

oder kürzer mit \\ erzwungen. Damit wird die Absatzformatierung durch LaTeX unterdrückt. Dies wird unten schematisch dargestellt. Links finden Sie das Druckergebnis, rechts den Quelltext.

<table>
<tr><td>

Zeile 1

Zeile 2

Zeile 3

Zeile 4

</td><td>

```
Zeile 1\\
Zeile 2\\
Zeile 3\\
Zeile 4
```

</td></tr>
</table>

Man kann das \\-Kommando mit einem * modifizieren. Wenn Sie die Zeilen mit * beenden, wird LaTeX Ihren Zeilenumbruch unter keinen Umständen für einen Seitenumbruch benutzen. Ihre Liste wird demnach auf einer Seite gehalten. Ist dies nicht möglich, weil nicht mehr genügend Raum zur Verfügung steht, wird sie komplett auf die nächste Seite geschoben.

Wenn Sie die einzelnen Zeilen einer Liste etwas auseinanderziehen möchten, können Sie dem \\-Kommando und dem *-Kommando den gewünschten zusätzlichen Abstand zwischen den Zeilen übergeben (die mehrfache Verwendung von \\ ist nicht zulässig). Angenommen, Sie möchten, daß die Zeilen einer Namensliste mit einem Abstand von einem Zentimeter gedruckt werden, dann sieht Ihre Eingabe z.B. so aus:

```
Zeile 1\\[1cm]
Zeile 2\\[1cm]
Zeile 3\\[1cm]
Zeile 4
```

Um die Zeilenabstände etwas zusammenzuziehen, können Sie auch negative Werte eingeben, z.B. mit

```
Zeile 2\\[-1mm]
```

Wie Sie anhand der letzten beiden Beispiele gesehen haben, können Sie LaTeX Abstände mit direkten Maßangaben mitteilen. Beachten Sie, daß zwischen Wert und Maßeinheit kein Leerraum stehen darf. Als Einheiten stehen cm und mm zur Verfügung. Auch wenn eine Länge den Wert 0 hat, muß das Maß genannt werden. Z.B. unterdrückt

```
\parindent0cm
```

die Absatzeinzüge (genaueres lesen Sie in Kapitel 4.3). Nachkommastellen können nach einem Dezimalpunkt (1.5cm) oder einem Komma (1,5cm) angegeben werden. LaTeX kennt neben Zentimetern und Millimetern die in Tabelle 2.1 aufgeführten Längenmaße.

Längenmaß		*Bedeutung*
in	$\rightarrow$	Inches (1in $\approx$ 25,4mm)
pt	$\rightarrow$	Points (1pt $\approx$ 0,35mm)
pc	$\rightarrow$	Picas (1pc $\approx$ 4,22mm)
dd	$\rightarrow$	Didot Point (1dd $\approx$ 0,38mm)
em	$\rightarrow$	Die Breite des Buchstabens M im gewählten Zeichensatz
ex	$\rightarrow$	Die Höhe des Buchstabens x im gewählten Zeichensatz

Tabelle 2.1: Längenmaße

2.2 Kommentarzeilen

Sie können an beliebigen Stellen Kommentarzeilen in den Text einfügen, die LaTeX ignoriert. Diese Zeilen beginnen mit dem % -Zeichen:

```
% -----------------------------------
% Programmdokumentation Rev. 1.4
% letzte Aenderung : 12.03.95
% Autor           : E.Schlabotnik
% -----------------------------------
\documentclass{article}
\usepackage{german}
\begin{document}
...
```

Kommentare können auch hinter Text- oder Befehlszeilen gesetzt werden, z.B. um einen (selbstdefinierten) Befehl zu erläutern:

```
\documentclass{article}
\usepackage{german}
\begin{document}
\input{vorw.tex}    % Vorwort einfuegen
\input{vorw2.tex}   % Vorwort zur 2. Aufl.
...
```

LaTeX bricht die Zeilen vollkommen selbständig um. Die von Ihnen eingegebene Zeilenschaltung wird dabei als Leerzeichen umgesetzt. Wenn Sie dies verhindern wollen, beenden Sie die Zeile mit einem %. LaTeX-Befehle dürfen nicht durch Zeilenumbrüche getrennt werden. Wenn man die Zeilen jedoch mit einem % abschließt, kann man Befehle über mehrere Zeilen verteilen. Bei einigen sehr langen Befehlssequenzen dient das der Übersichtlichkeit (ein Beispiel finden Sie auf Seite 96 f.).

Wenn Sie das Paket **verbatim** von Rainer Schöpf laden, können Sie größere Textbereiche durch Auskommentierung von der Verarbeitung ausschließen. Dafür sind sie in ein `\begin{comment}` und ein `\end{comment}` einzufassen:

```
\begin{comment}
   Dieser Teil wird nicht "ubersetzt ...
\end{comment}
```

2.3   Der Zeichensatz

Der Standardzeichensatz, jene Zeichen, die Sie direkt eintippen können, umfaßt die
Buchstaben a bis z und A bis Z, die Ziffern 0 bis 9 und die folgenden Zeichen

$$. : ; , ? ! '' ( ) [ ] - / * @$$

Die unten abgedruckten Zeichen fungieren bei LaTeX als Befehlszeichen und dürfen
daher *nicht* im eigentlichen Text auftauchen.

$$> < \$ \& \% \# \_ \{ \} ~ ^ " \backslash |$$

Die Sonderzeichen $ & % # _ { } können Sie jedoch verwenden, wenn Sie Ihnen, wie
in Tabelle 2.2 gezeigt, bei der Eingabe einen *backslash* voranstellen.

Ausgabe		Eingabe
$	←	\\$
&	←	\\&
%	←	\\%
#	←	\\#
_	←	_
}	←	\\}
{	←	\\{

Tabelle 2.2: Sonderzeichen

Andere Zeichen können nicht direkt eingetippt werden. Sehen Sie das nicht als Ein-
schränkung. LaTeX bietet Ihnen einen umfassenden Zeichensatz an, der mehr Symbole und Sonderzeichen enthält, als Sie wahrscheinlich jemals benötigen werden.
Allerdings gibt man diese Zeichen mit speziellen LaTeX-Befehlen ein, auf die noch
eingegangen wird.

2.4   Ligaturen

Im Buchdruck werden gewisse Buchstabenkombinationen nicht als zwei Zeichen gedruckt, sondern zu einem zusammengezogen. Auch LaTeX druckt z.B. ein doppeltes
f nicht als ff sondern als ff. Das gleiche geschieht bei fi, ffi, fl und ffl. Sie können die-
se Verschmelzung untersagen, indem Sie die Zeichen "| zwischen die betreffenden

Buchstaben setzen. Bei einigen Worten wird dadurch die Lesbarkeit erhöht. Wenn Sie also Tieflader statt Tieflader gedruckt haben möchten, geben Sie dieses Wort als `Tief"|lader` ein. Das Einfügen von `"|` hat für LaTeX übrigens zugleich die Funktion eines Trennvorschlages, d.h. LaTeX wird das Wort ggf. an dieser Stelle trennen, wenn der Zeilenumbruch das verlangt.

2.5 Umlaute

LaTeX ist ein amerikanisches Produkt, das deutsche Umlaute nicht direkt, sondern nur in Form von Befehlen verarbeiten kann. Voraussetzung dafür ist, daß in der Präambel Ihres Textes das Zusatzpaket **german** von Bernd Raichle geladen wird:

```
\documentclass{article}
\usepackage{german} % german-package laden
\begin{document}
  ...
```

Umlaute können dann mit einem Hochkomma vor dem Vokal kenntlich gemacht werden. Um z.B. ein ü zu erhalten, müssen Sie `"u` eintippen. Die Schreibweise der Umlaute zeigt Tabelle 2.3. [1]

Ausgabe		*Eingabe*
ä	←	`"a`
ö	←	`"o`
ü	←	`"u`
Ä	←	`"A`
Ö	←	`"O`
Ü	←	`"U`
ß	←	`"s`

Tabelle 2.3: Umlaute

2.6 Buchstaben und Sonderzeichen aus Fremdsprachen

Tabelle 2.4 zeigt Ihnen, wie Sie die Ausgabe fremdsprachiger Sonderzeichen erreichen. Œvre wird z.B. als `\OE vre` eingegeben, Øverland als `\O verland`.

---

[1] Es existiert ein Paket `inputenc` von Alan Jeffrey und Frank Mittelbach, das eine direkte Eingabe der Umlaute gestattet. In der Präambel ist hierfür `\usepackage[cp850]{inputenc}` einzugeben. Beachten Sie aber, daß die Portabilität Ihres Textes unter Umständen nicht mehr gewährleistet ist, was etwa beim Versand via eMail oder beim Wechsel des Betriebssystems zu Problemen führen kann.

Ausgabe		Eingabe	Ausgabe		Eingabe
œ	←	{\oe}	ë	←	"e
Œ	←	{\OE}	Ë	←	"E
æ	←	{\ae}	ï	←	"i
Æ	←	{\AE}	Ï	←	"I
å	←	{\aa}	ł	←	{\l}
Å	←	{\AA}	L	←	{\L}
ø	←	{\o}	¿	←	{?`}
Ø	←	{\O}	¡	←	{!`}

Tabelle 2.4: Sonderzeichen aus Fremdsprachen

2.7 Akzente

Wie Sie Buchstaben mit Akzenten versehen können, zeigt Tabelle 2.5. Das o dient dabei nur als Beispiel. In den geschweiften Klammern kann auch jeder andere Buchstabe stehen. Für Čsezmički geben Sie \u{C}sezmi\u{c}ki ein.

Den Buchstaben i und j muß, bevor der Akzent aufgesetzt wird, der Punkt „entfernt" werden. Dies geschieht durch Voranstellen eines *backslashs*. Demnach erhält man í durch \'{\i}.

Ausgabe		Eingabe	Ausgabe		Eingabe
ó	←	\'{o}	ŏ	←	\u{o}
ò	←	\`{o}	ǒ	←	\v{o}
ô	←	\^{o}	ő	←	\H{o}
õ	←	\~{o}	ôo	←	\t{oo}
ō	←	\={o}	ǫ	←	\c{o}
ȯ	←	\.{o}	ọ	←	\d{o}
			o̲	←	\b{o}
			o̊	←	\r{o}

Tabelle 2.5: Akzente

2.8 Symbole

LaTeX kennt eine große Anzahl von Sonderzeichen, wie ◁ , ∋, ♡ usf. Diese gehören zu den mathematischen Symbolen. Wie man diese einzugeben hat, wird später gezeigt. Im „Textmodus" von LaTeX – mit dem bisher gearbeitet wird – stehen die Symbole wie †, © etc. zur Verfügung. Tabelle 2.6 zeigt, wie diese einzugeben sind.

Ausgabe		Eingabe
†	←	\dag
‡	←	\ddag
§	←	\S
¶	←	\P
©	←	\copyright
£	←	\pounds
•	←	\textbullet
·	←	\textperiodcentered
¿	←	\textquestiondown
¡	←	\textexclamdown
␣	←	\textvisiblespace

Tabelle 2.6: Symbole

2.9 Die Logos, Auslassungspunkte und das Datum

Mit den in Tabelle 2.7 aufgeführten Befehlen können Sie die Logos, Auslassungspunkte und das Systemdatum drucken lassen.

Ausgabe		Eingabe
LaTeX	←	\LaTeX
LaTeX 2_ε	←	\LaTeXe
TeX	←	\TeX
...	←	\dots
1. November 1995	←	\today

Tabelle 2.7: Logos, Auslassungspunkte, Datum

2.10 Anführungsstriche

Als stilbewußter Setzer kennt TeX keine "Hochkommata", sondern nur einzelne oder doppelte Anführungsstriche:

Ausgabe		Eingabe
'einzelne'	←	`einzelne'
"doppelte"	←	``doppelte''

Die in unserem Sprachraum üblichen „Gänsefüßchen" erhält man durch Voranstellen der Zeichenkombination "` und "':

<table>
<tr><td>*Ausgabe*</td><td></td><td>*Eingabe*</td></tr>
<tr><td>„Gänsefüße"</td><td>←</td><td>`"'G"ansef"u"se"'`</td></tr>
</table>

Alternativ können deutsche Anführungszeichen mit den Befehlspaaren `\glqq` und `\grqq` bzw. `\glq` und `\grq` eingefügt werden. Das erste Paar erzeugt „Gänsefüßchen", das zweite ‚halbe' Anführungsstriche:

<table>
<tr><td>*Ausgabe*</td><td></td><td>*Eingabe*</td></tr>
<tr><td>„Gänsefüße"</td><td>←</td><td>`\glqq G"ansef"u"se\grqq`</td></tr>
<tr><td>‚halbe Anführungszeichen'</td><td>←</td><td>`\glq halbe Anf"uhrungszeichen \grq`</td></tr>
</table>

Seltener gebraucht werden die «spitzwinkligen» Anführungszeichen oder ‹halben spitzwinkligen Anführungszeichen›. Diese werden folgendermaßen eingegeben:

<table>
<tr><td>*Ausgabe*</td><td></td><td>*Eingabe*</td></tr>
<tr><td>«ganze Anführungszeichen»</td><td>←</td><td>`\flqq ganze Anf"uhrungszeichen\frqq`</td></tr>
<tr><td>‹halbe Anführungszeichen›</td><td>←</td><td>`\flq halbe Anf"uhrungszeichen\frq`</td></tr>
</table>

Die doppelten «französischen» Anführungszeichen können auch als `"<` und `">` eingegeben werden.

"Hochkommata" werden als `\dq` eingegeben:

```
\dq Hochkommata\dq\ werden als ...
```

Bei diesem Beispiel wurden die einleitenden Anführungsstriche mit dem Abstand eines Leerzeichens zum folgenden Wort eingegeben. Das ist notwendig, weil LaTeX diesen Befehl sonst nicht interpretieren kann. Bei den schließenden Anführungsstrichen wurde kein Leerraum gelassen. LaTeX erkennt einen Befehl am einleitenden *backslash* – egal, was davor steht. Würde man hier einen Leerraum lassen, würde dieser auch mitgedruckt. Warum der Befehl `\dq` mit einem *backslash* abgeschlossen wurde, zeigt Kapitel 2.12.1.

Bei Zitaten, in denen wiederum Worte hervorgehoben werden sollen, kann es vorkommen, daß es zu unschönen Kollisionen kommt, wie die folgende Zeile zeigt:

<table>
<tr><td>„Zitate können ‘kollidieren'"</td><td>`"'Zitate k"onnen 'kollidieren'"'`</td></tr>
<tr><td>„Zitate können ‘kollidieren' "</td><td>`"'Zitate k"onnen 'kollidieren'\,"'`</td></tr>
</table>

Wie in der zweiten Zeile des Quelltextes gezeigt wird, kann man mit dem Befehl `\,` einen kleinen Leerraum zwischen „Gänsefüßchen" und Apostrophenzeichen einschieben. Dabei ist darauf zu achten, daß dieser Befehl nicht von Leerzeichen umgeben wird.

2.11 Gedanken- und Bindestriche

LaTeX kennt drei unterschiedlich lange horizontale Striche. Der kurze Bindestrich zwischen zwei Worten (wie Text-File) wird durch Eingabe eines einzelnen Striches erreicht: `Text-File`. Der mittlere Bindestrich ist z.B. für Wertebereiche, wie bei 2–6 MB (`2--6MB`) oder für Gedankenstriche gedacht und wird durch zwei Striche erzeugt. Für die längeren Striche — muß man drei Striche eintippen.

2.12 Leerzeichen und variable Leerräume

2.12.1 Leerzeichen

Weiter oben wurde bereits gesagt, daß LaTeX einen *backslash* als Einleitung eines Kommandos interpretiert. Das Befehlswort endet für LaTeX mit dem ersten Zeichen, das kein Buchstabe ist. Hierzu ein Beispiel. Die Eingabe von `\today` fügt das Tages- bzw. das Systemdatum in der Form „1. November 1995" ein. Da LaTeX nach einem Befehl kein Leerzeichen einfügt, hat die Eingabe von

```
Diese Zeile wurde am \today geschrieben % falsch!
```

die Ausgabe von

> Diese Zeile wurde am 1. November 1995geschrieben

zur Folge. Trotz des Leerschrittes wurden das Datum und das anschließende Wort nicht getrennt – weil LaTeX diesen Leerschritt eben lediglich als Trennzeichen interpretiert. Um in diesen Fällen den notwendigen Zwischenraum zu erhalten, muß er explizit mit einem *backslash* oder den geschweiften Klammern {} eingegeben werden. Die nächsten Zeilen sollen das verdeutlichen. Hier wird der `\LaTex`-Befehl benutzt, der die Ausgabe des LaTeX-Logos bewirkt.

```
Wenn Sie z.B. das \LaTeX -Logo im Text verwenden wollen,
m"ussen Sie ihm einen \emph{backslash} anh"angen, weil
\LaTeX\ sonst mit dem nachfolgenden Wort kollidiert.
Wenn Sie den \emph{backslash} nicht m"ogen, gestattet
Ihnen \LaTeX{} auch die Verwendung geschweifter
Klammern.
```

Beachten Sie in der ersten Zeile das gewollte Zusammenrücken mit dem nächsten Wort, um als Druckergebnis „LaTeX-Logo" zu erhalten.

2.12.2 Geschützte Leerzeichen

LaTeX benutzt Leerstellen zwischen Wörtern als Punkte für mögliche Zeilenumbrüche. Solche Umbrüche sind an manchen Stellen jedoch unerwünscht. Wenn
Sie verhindern wollen, daß Worte wie z.B. *System V* möglicherweise auf zwei Zeilen
verteilt werden, fügen Sie eine Tilde anstelle eines Leerzeichens ein: `System~V`.

LaTeX fügt normalerweise einen bestimmten zusätzlichen Leerraum hinter allen Satzzeichen ein. Dieser genau bemessene Abstand hängt von dem jeweiligen Satzzeichen
(Komma, Doppelpunkt, Ausrufungszeichen) ab. Mit dem Befehl

```
\frenchspacing
```

kann dieses Einfügen zusätzlichen Leerraums unterdrückt werden. `\frenchspacing`
ist eine Voreinstellung des **german** -Paketes. Der Befehl `\nonfrenchspacing` hebt
diese Direktive wieder auf. Die folgenden Aussagen gelten nur für den Fall, daß
Sie entweder das **german**-Paket nicht verwenden oder `\frenchspacing` deaktiviert
haben.

Für LaTeX endet ein Satz mit einem Punkt, der einem Kleinbuchstaben folgt. Dort
wird ein etwas größerer Zwischenraum plaziert als zwischen den übrigen Worten.
Wenn eine Abkürzung im Text mit einem Kleinbuchstaben endet, wirkt dieser
zusätzliche Abstand störend. Der *backslash*, gefolgt von einem Leerschritt, kann
hier ebenso wie die Tilde benutzt werden, um an solchen Stellen normale Wort-
zwischenräume zu erzwingen. Die Tilde verhindert darüber hinaus Zeilenumbrüche.
Sehen Sie sich das folgende Beispiel an.

```
Wenn eine Abk.\ mit einem Kleinbuchstaben aufh"ort,
sollte ein \emph{backslash} angef"ugt werden.
Sonst werden d. Wortzwischenr"aume etwas zu gro"s.
Bei Abk"urzungen wie z.~Zt.\ hat die Tilde den
gleichen Effekt und verhindert zudem ungewollte
Umbr"uche.
```

LaTeX schiebt Leerraum ein, wenn einem Punkt eine schließende Klammer folgt.
Beachten Sie das, wenn die Klammer hinter einer Abkürzung innerhalb des Satzes
schließt. Die korrekte Eingabe sieht so aus:

```
... kann dieser Typ (siehe Abb.)\ deutlich ...
```

Zusätzlicher Leerraum wird von LaTeX am vermeintlichen Ende eines Satzes angefügt, d.h. an einem Punkt hinter einem Kleinbuchstaben. Wenn der Satz mit
einem Großbuchstaben endet, fehlt dieser Zwischenraum jedoch und muß von Ihnen
mit dem Befehl `\@` eingefügt werden:

```
... f"ur die SPD\@. Die CDU erlangte ...
```

2.12.3 Feste Leerräume

Innerhalb einer Zeile können Sie mit den Befehlen \quad und \qquad feste Leerräume einschieben. Das erste Kommando richtet einen horizontalen Leerraum in der Breite einer Buchstabenhöhe ein. Der durch das zweite Kommando eingefügte Leerraum ist doppelt so breit.

2.12.4 Variable Leerräume

Mit dem \hspace-Kommando können Sie horizontale Leerräume beliebiger Größe in den Text einfügen. Die Größe der Leerräume übergeben Sie dem Befehl als Maßangabe in Zentimetern oder Millimetern (bzw. einem anderen der auf Seite 12 vorgestellten Maße). Beachten Sie, daß die Maßangabe in geschweiften Klammern zu stehen hat. Um im Text also einen horizontalen Leerschritt von zwei Zentimetern Länge zu plazieren, fügen Sie den Befehl

```
\hspace{2cm}
```

ein. Die Befehlsmodifikation mit * bewirkt, daß der Leerraum von LaTeX auch dann eingesetzt wird, wenn er in Folge des Umbruchs am Ende oder am Anfang einer Zeile auftauchen würde. Das folgende Beispiel zeigt das Einsetzen exakt ein Zentimeter breiter Leerstellen:

Floppy 1,44MB   DM 95.-
Floppy 720k   DM 85.-

In der LaTeX-Datei muß dafür folgendes stehen:

```
Floppy 1,44MB\hspace{1cm}DM 95.-\\
        ...
```

Würde das \hspace Kommando durch Leerschritte von den umgebenden Worten getrennt, würden diese Leerstellen ebenfalls mitgedruckt.
Es können auch negative Werte als Parameter für \hspace angegeben werden. In diesem Fall wird der Text vor der \hspace-Anweisung mit dem nachfolgenden Text überschrieben. Somit läßt sich – bei ausreichender Experimentierfreudigkeit – ein Wort auch durchstreichen.
Wenn der einzusetzende Leerraum so groß sein soll, daß die Zeile exakt im Block gesetzt wird, müssen Sie den Befehl \hfill einsetzen. Die Eingabe von

```
Floppy 1,44MB\hfill DM 95.-\\
```

bewirkt die Ausgabe von

Floppy 1,44MB   DM 95.-

Etwas schöner sehen solche Listen aus, wenn man die Angaben durch gepunktete oder durchgezogene Linien trennen läßt. Dafür stellt LaTeX die Befehle \dotfill und \hrulefill zur Verfügung.

Floppy 1,44MB . . . . DM 95.-
Floppy 1,44MB ____ DM 95.-

Die entsprechende LaTeX-Eingabe sieht folgendermaßen aus:

```
Floppy 1,44MB\dotfill DM 95.- \\
Floppy 1,44MB \hrulefill\ DM 95.-\\
```

Beachten Sie, daß in den letzten beiden Zeilen noch Leerräume durch das Anhängen eines *backslashs* an den \hrulefill-Befehl eingefügt wurden. Außerdem wurde dem Befehl selbst ein Leerzeichen vorangestellt. Andernfalls wäre die Linie von der „MB"bis „DM" durchgezogen worden, was nicht sehr schön aussieht.

Das Kommando \hfill ist eine Abkürzung für den Aufruf des \hspace-Befehles mit dem Parameter \fill. Mit \fill lernen Sie ein „dehnbares" Maß kennen. \fill ist ein Leerraum der Länge 0, der von LaTeX je nach Bedarf auseinandergezogen werden kann. Die oben abgedruckte Anweisung

```
Floppy 1,44MB\hfill DM 95.-
```

wird von LaTeX zunächst in

```
Floppy 1,44MB\hspace{\fill} DM 95.-
```

umgesetzt. Diese Anweisung ist gleichbedeutend mit der maximalen Dehnung des „Gummi"-Leerschrittes \hfill. Maximal heißt in diesem Fall „bis zum Auffüllen der Zeile". \hspace kennt eine Befehlsmodifikation mit *, die die Ausgabe von Leerräumen auch zuläßt, wenn diese am Anfang einer Zeile auftauchen. Damit kann man \hspace*{\fill} benutzen, um z.B. ein einzelnes Wort rechtsbündig setzen zu lassen.

1. November 1995

Eine solche Datumsausgabe erreichen Sie mit \hspace*{\fill}\today. Wenn mehrere \hspace{\fill}-Anweisungen in einer Zeile stehen, werden die Leerräume übrigens mit identischer Größe eingesetzt. Damit sind z.B. Zentrierungen innerhalb einer Zeile möglich.

2.13 Die automatische Silbentrennung

LaTeX trennt bei Bedarf automatisch und mit sehr hoher Sicherheit. Bei der Silbentrennung kann es jedoch zu zwei Arten von Problemen kommen:

▷ LaTeX findet keine Stelle, an der getrennt werden darf.

▷ LaTeX trennt fehlerhaft.

LaTeX versucht beim Blocksatz – um ein gleichmäßiges Druckbild erzeugen zu können – ein möglichst dichtes Auffüllen der Zeile mit Wörtern zu erreichen und außerdem so selten wie möglich zu trennen. Wenn eine Zeile nicht ohne das Trennen eines Wortes sauber gesetzt werden kann, wird versucht, dieses Wort gemäß den Vorschriften in der Trenntabelle zu zerlegen. Es kann aber vorkommen, daß dort keine entsprechende Vorschrift gefunden wird. In diesem Fall läßt LaTeX das Wort unangetastet. Dies erkennen Sie an der `Overfull \hbox ...`-Meldung während des Übersetzens. Im Schriftstück ragt die Zeile dann etwas über den rechten Druckbereichsrand heraus. Diese Probleme treten bei kleineren Schriftgrößen und normalen Zeilenbreiten seltener auf.[2]

Kommt es zu einem unsauberen rechten Seitenrand, hat man zwei Möglichkeiten zu reagieren: entweder man greift LaTeX beim Trennen kritischer Wörter unter die Arme (s.u.) oder man erlaubt dem Programm, ein wenig von seinen stilistischen Prinzipien abzurücken. Dann wird das fragliche Wort in die nächste Zeile geschoben. Die aktuelle Zeile wird durch Auffüllen mit Leerschritten auf die korrekte Breite gebracht. Das wurde mit dem Befehl `\sloppy` erreicht, der in die Präambel des ersten Textrahmens aufgenommen wurde. Wenn sich LaTeX zu einem solchen Auffüllen genötigt sieht, wird dies während des Übersetzens mit der Meldung `Underfull hbox...` angezeigt.

Eine Lockerung der Trennvorschriften kann man auch für einzelne Absätze vereinbaren, indem man diese in das Befehlspaar

```
\begin{sloppypar}
   ...
\end{sloppypar}
```

einfaßt. Umgekehrt schaltet `\begin{fussypar}` und `\end{fussypar}` absatzweise auf das „strengere" Trennverfahren um.

Bei der Silbentrennung liefert LaTeX hin und wieder fehlerhafte Ergebnisse, so daß man den Text an einigen Stellen nachbearbeiten muß.

Um zunächst einmal festzustellen, ob und wie LaTeX bestimmte Worte trennen würde, kann man sich die Trennstellen mit dem Befehl `\showhyphens` anzeigen

---

[2]Die Dokumentenklassenoption `draft` unterstützt Sie bei der Suche nach solchen Textstellen (siehe Seite 54).

lassen. Wenn man beispielsweise wissen möchte, wie LATEX die Wörter „darum",
„woraus", „Keksdose" zu trennen gedenkt, fügt man nach der Präambel die folgende Zeile ein.

```
\showhyphens{darum woraus Keksdose}
```

Man kann LATEX die korrekte Trennstelle angeben, indem man in das betreffende
Wort den Befehl \- einfügt. Mit diesem Kommando wird das Programm angewie-
sen, das Wort *nur* an dieser und keiner anderen, möglicherweise besser geeigneten
Stelle zu trennen. Allerdings ist es zulässig, den Befehl auch mehrmals in ein Wort
einzusetzen. "- hat die gleiche Funktion, gestattet aber auch ein Trennen an anderen
Stellen im restlichen Wortteil.

Um die korrekte Trennung bestimmter – seltener – Wörter für den gesamten Text
vorzugeben, fügt man diese in eine Trennliste ein. Eine solche Liste – die Teil der
Präambel ist – wird durch das Schlüsselwort \hyphenation eingeleitet. In geschweiften Klammern stehen dann die korrekt getrennten Wörter. Das kann z.B. so aussehen:

```
\documentclass{article}
\usepackage{german}

\hyphenation{dar-um wor-aus ... }
\begin{document}
...
```

Beachten Sie bitte, daß diese Listen keine Wörter mit Umlauten enthalten dürfen.

Bei einigen Buchstabenkombinationen gelten besondere Trennvorschriften. Der betreffenden Silbe wird ein " vorangestellt. Will man erreichen, daß Bäcker korrekt als
Bäk-ker getrennt wird, gibt man dieses Wort als B"a"cker ein. Fügt man ein " vor
doppelten Konsonanten wie ll (in Wollieferant) oder tt ein, so wird in der Form ll-l,
tt-t usw. getrennt.

Auf Seite 141 in Kapitel 14.1.1 wird gezeigt, wie Silbentrennungen mit dem \mbox-
Befehl verhindert werden können.

Kapitel 3

Zeichenformatierung

> *In diesem Kapitel wird gezeigt, wie Sie Schriftarten und -größen variieren können. Beachten Sie bitte, daß die hier aufgeführten Kommandos keine Gültigkeit für den Formelsatz haben.*

3.1 Auswahl der Schriftgröße

Die Standardschriftgröße wird für einen Text bereits in der Präambel ausgewählt. Dies ist die Schriftgröße, die bis zu einer expliziten Änderung und nach der Aufhebung dieser Änderung beibehalten wird. Bei der Auswahl des Dokumentenstils (siehe Seite 52 f.) können Sie optional den Schriftgrad für diesen Text festlegen. In der folgenden Textzeile wird für das Dokument die Größe 11 Punkt ausgewählt:

```
\documentclass[11pt]{article}
```

Wenn Sie keine Schriftgröße angeben, setzt LaTeX den Text mit dem Schriftgrad 10pt. Als Alternativen kommen 11pt und 12pt in Frage. Innerhalb des Textes können Sie die Schriftgröße in vier Stufen verkleinern und in fünf Stufen vergrößern. Tabelle 3.1 zeigt die entsprechenden Befehle. Mit `\normalsize` wird auf die Standardschriftgröße zurückgeschaltet.

3.2 Befehle, Deklarationen und Bereiche

LaTeX-Befehle wirken im allgemeinen auf Textbereiche. Z.B. wird eine größere Schrift mit dem Befehl `\Large` eingestellt. Ein solcher Befehl wirkt bis zum Ende des gesamten Textes, es sei denn, seine Wirkung wird durch einen anderen Größenbefehl aufgehoben. Man kann die Reichweite eines Befehles außerdem mit geschweiften Klammern eingrenzen, wie in der folgenden Zeile zu sehen ist. Die Eingabe von

```
In dieser Zeile steht ein {\Large dickes} Wort
```

Ausgabe		*Eingabe*
Text	←	`\tiny` ...
Text	←	`\scriptsize` ...
Text	←	`\footnotesize` ...
Text	←	`\small` ...
Text	←	`\normalsize` ...
Text	←	`\large` ...
Text	←	`\Large` ...
Text	←	`\LARGE` ...
Text	←	`\huge` ...
Text	←	`\Huge` ...

Tabelle 3.1: Auswahlkommandos für Schriftgrößen

führt zum Ausdruck von „In dieser Zeile steht ein dickes Wort".

In der LaTeX-Terminologie wird ein solcher Befehl als *Deklaration* bezeichnet. Ihre Wirkung endet mit der abschließenden Klammer. Innerhalb eines solchen Textareals können beliebige weitere Formatierungsbefehle gegeben werden, die dann aber spätestens mit dieser abschließenden Klammer ebenfalls wirkungslos werden. Eine Deklaration wird auch durch eine `\end`-Anweisung aufgehoben, d.h. wenn sie innerhalb eines Bereiches (siehe unten) plaziert wurde.

Bei der Formatierung kurzer Textteile ist die gezeigte Deklarationsform angebracht. Bei längeren Textpassagen oder Verschachtelungen von Befehlen sollten Sie Formatierungsbereiche verwenden. Ein solcher Bereich wird mit `\begin{Bereichsname}` eingeleitet und mit der Anweisung `\end{Bereichsname}` abgeschlossen. Der Bereichsname ist mit dem Namen der Deklaration identisch, jedoch steht ihm kein *backslash* voran. Wenn man also einen längeren Textteil größer setzen lassen möchte, wird man folgendes eingeben:

```
\begin{Large}
   Dieser Text soll auffallen ...
\end{Large}
```

Damit lassen sich große Textbereiche sehr übersichtlich formatieren. Um das optisch zu verdeutlichen, kann und sollte man, gerade bei der Verschachtelung von Bereichen, den Text einrücken. Verschachtelung bedeutet, daß Bereiche selbst wieder in Bereiche eingebettet sein können.

Bereiche spielen – wie Sie bald sehen werden – in LaTeX eine zentrale Rolle. Ob Sie Tabellen oder Listen anlegen, Grafiken zeichnen, Formeln eingeben oder Textsequenzen formatieren: wenn sich Ihre Eingabe inhaltlich oder visuell von gewöhnlichem

Text unterscheidet oder abhebt, wird die korrespondierende Struktur in LaTeX in den meisten Fällen ein Bereich sein. Bereiche könne selbst wieder Bereiche aufnehmen, außerdem können Sie Befehle oder Deklarationen enthalten.

Es gibt LaTeX-Funktionen die sowohl mit Befehlen als auch mit Deklarationen bzw. Bereichen abgerufen werden können. Hierzu ein Beispiel, das die drei Verfahren veranschaulichen soll. Um einen Textabschnitt fett zu setzen, kann folgende *Deklaration* verwendet werden:

```
Hier gibt es ein {\bfseries fettes} Wort.
```

Ein *Bereich* wurde so aussehen:

```
Hier gibt es ein \begin{bfseries}fettes\end{bfseries} Wort.
```

Die funktional identische *Befehls*form sieht so aus:

```
Hier gibt es ein \textbf{fettes} Wort.
```

3.3 Auswahl der Schriftart

LaTeX benutzt standardmäßig die Schriftfamilie Roman. Tabelle 3.2 zeigt Kommandos zur Auswahl einer Schriftfamilie, wobei mit `\textrm` bzw. `\rmfamily` ggf. auf den Standard Roman zurückgeschaltet wird.

	Befehlsform
Das ist Roman	← `\textrm{Das ist Roman}`
Das ist Sans Serif	← `\textsf{Das ist Sans Serif}`
Das ist Typewriter	← `\texttt{Das ist Typewriter}`
	Deklarationsform
Das ist Roman	← `{\rmfamily Das ist Roman}`
Das ist Sans Serif	← `{\sffamily Das ist Sans Serif}`
Das ist Typewriter	← `{\ttfamily Das ist Typewriter}`

Tabelle 3.2: Auswahlkommandos für Schriftfamilien

Mit den in Tabelle 3.3 aufgeführten Kommandos kann die Form der ausgewählten Schriftfamilie gewählt werden, wobei `\textup` bzw. `\upshape` zur (aufrechten) Standardform der eingestellten Schriftfamilie zurückschaltet. Wenn der Text beispielsweise in einer serifenlosen, kursiven Schrift formatiert wurde, bewirkt `\upshape` einen Wechsel zur aufrechten, serifenlosen Schrift.

Befehlsform

Das ist Italic	←	`\textit{Das ist Italic}`
Das ist Small Caps	←	`\textsc{Das ist Small Caps}`
Das ist Slanted	←	`\textsl{Das ist Slanted}`
Das ist Standard	←	`\textup{Das ist Standard}`

Deklarationsform

Das ist Italic	←	`{\itshape Das ist Italic}`
Das ist Small Caps	←	`{\scshape Das ist Small Caps}`
Das ist Slanted	←	`{\slshape Das ist Slanted}`
Das ist Standard	←	`{\upshape Das ist Standard}`

Tabelle 3.3: Auswahlkommandos für Schriftformen

Befehlsform

Das ist Bold Face	←	`\textbf{Das ist Bold Face}`
Das ist der Standard	←	`\textmd{Das ist der Standard}`

Deklarationsform

Das ist Bold Face	←	`{\bfseries Das ist Bold Face}`
Das ist der Standard	←	`{\mdseries Das ist der Standard}`

Tabelle 3.4: Auswahlkommandos für Fettschrift

Schließlich besteht die Möglichkeit, Text fett zu formatieren. Tabelle 3.4 zeigt die Kommandos von denen `\textmd` bzw. `\mdseries` auf die Standardauszeichnung zurückschalten.

Wie auch bei der Schriftgröße sollten Sie, wenn Sie längere Textareale in einer anderen Schrift drucken wollen, einen entsprechenden von `\begin` und `\end` eingefaßten Bereich definieren, um den Eingabetext übersichtlicher zu halten. Bei kurzen Passagen sollten Sie die Befehlsform verwenden.

Das nachfolgende Beispiel zeigt, wie für einen begrenzten Bereich auf eine serifenlose, kleine Schrift umgeschaltet wird. Beachten Sie, daß die Deklaration `\small` nirgendwo aufgehoben wird. Ihre Reichweite endet mit der ersten `\end`-Anweisung.

```
\begin{sffamily}      % Schriftfamilie Sans Serif
   \small             % kleiner als der uebrige Text
   Es wird zun"achst auf eine etwas kleinere,
   serifenlose Schrift umgeschaltet.
   \bfseries Jetzt wird ein begrenzter Abschnitt
   fett gesetzt. \mdseries Nun wird gezeigt,
   wie \itshape kursive Schrift \upshape aussieht.
   Ich bevorzuge bei kurzen "Anderungen
   der Schriftgestaltung die \textit{Befehlsform}.
\end{sffamily}        % Ende des Sans Serif Bereiches
```

Und hier das Resultat:

> Es wird zunächst auf eine etwas kleinere, serifenlose Schrift umgeschaltet. **Jetzt wird ein begrenzter Abschnitt fett gesetzt.** Nun wird gezeigt, wie *kursive Schrift* aussieht. Ich bevorzuge bei kurzen Änderungen der Schriftgestaltung die *Befehlsform*.

Dieses Beispiel sollte den Einsatz von Formatierungskommandos verdeutlichen. In der Praxis sollte mit diesen Möglichkeiten äußerst sparsam umgegangen werden. Ein ruhiges Erscheinungsbild erhöht die Lesbarkeit eines Textes und läßt ihn seriöser wirken. Wenn Sie Textabschnitte hervorheben möchten, sind die im nächsten Abschnitt aufgeführten Kommandos die bessere Wahl.

3.4 Hervorhebungen von Textteilen

3.4.1 Hervorheben

Einzelne Textpassagen werden im Buchdruck durch *kursive* Schrift hervorgehoben, bei anderen Dokumentenarten auch durch Unterstreichung. Das kurze Umschalten auf *Kursivschrift* erfolgt mit dem \emph-Befehl.

```
In diesem Satz wird \emph{ein Wort} kursiv gedruckt.
```

Damit wird nichts anderes erreicht, als der Wechsel zur Schriftart *italic*. Allerdings gibt Ihnen LaTeX, wenn Sie den \emph-Befehl benutzen, die Möglichkeit, sehr bequem Hervorhebungen schachteln zu können. Wenn Sie innerhalb einer Hervorhebung noch eine Hervorhebung anordnen, schaltet LaTeX auf die Standardschrift zurück. „*Das ist eine Hervorhebung, die ihrerseits* eine *Hervorhebung enthält.*" In der LaTeX-Datei sieht das so aus:

```
\emph{Das ist eine Hervorhebung,
die ihrerseits eine \emph{Hervorhebung} enth"alt.}
```

3.4.2 Unterstreichen, Durchstreichen

Mit dem \underline-Befehl werden Textpassagen unterstrichen. Die Ausgabe von „In diesem Satz ist ein Wort unterstrichen" erhält man mit

```
In diesem Satz ist \underline{ein Wort} unterstrichen.
```

Das ulem-Paket von Donald Arseneau stellt die Hervorhebungen generell auf Unterstreichungen um. Ein Ab- und Einschalten ist mit \normalem und \ULforem möglich. Das Paket stellt noch einige Befehle zur Markierung von Textsequenzen zur Verfügung: \uline wird für ein normales Unterstreichen verwendet. \uwave tut, was der Name signalisiert, für \sout gilt das gleiche und ebenso für den xout-Befehl.[1]

---

[1] Wenn Sie die die letzten drei Befehle verwenden möchten, aber bei der standardmäßigen Hervorhebung bleiben möchten, geben Sie nach dem Laden des ulem-Packetes \normalem ein.

3.4.3 Sperren

Mit dem `letterspace`-Kommando des gleichnamigen Paketes von Philip Taylor
können Sie Text g e s p e r r t ausgeben. Diesem Befehl geben Sie an, um das wie-
vielfache des normalen Zwischenraumes die Buchstaben auseinanderzuziehen sind.
Das im vorigen Satz auf diese Weise hervorgehobene Wort wurde folgendermaßen
eingegeben:

```
... Text \letterspace to 1.5\naturalwidth{gesperrt} ausgeben ...
```

3.4.4 Hoch- und Tiefstellen

Für das Hoch- und Tiefstellen von Worten gibt es den Befehl `\raisebox`, der auf
Seite 142 vorgestellt wird. Auf Seite 180 wird gezeigt, wie eigene Befehle zum Hoch-
und Tiefstellen definiert werden können.

3.4.5 Zeichen einkreisen

Mit dem Befehl `textcircled` können Sie Buchstaben oder Ziffern einkreisen.
Zum Beispiel wird aus `\textcircled{\small 1}` ein ①. Das ist eine interessan-
te Möglichkeit für die Formatierung von Aufzählungsmarken.

Kapitel 4

Absatzformatierung

In diesem Kapitel geht es um die LaTeX-Funktionen zur Gestaltung von Absätzen.

4.1 Zentrierung, rechts- und linksbündiger Satz

4.1.1 Linksbündiger Satz

LaTeX setzt Absätze standardmäßig „im Block" – wie das im Buchdruck üblich
ist. Blocksatz bedeutet, daß die Absätze auf beiden Seiten bündig gesetzt werden.
Wenn Sie für einen Absatz oder für das gesamte Dokument einen linksbündigen
„Flattersatz" wünschen, müssen Sie den Text in einen `flushleft`-Bereich einsetzen.

```
\begin{flushleft}
    Wenn Sie f"ur einen Absatz oder f"ur das gesamte Dokument
    einen linksb"undigen "'Flattersatz"' w"unschen, ...
\end{flushleft}
```

4.1.2 Rechtsbündiger Satz

Das Pendant zu `flushleft` ist `flushright` für den rechtsbündigen Satz. Der Einsatz
dieses Befehls ist z.B. bei Briefköpfen denkbar, wie im nächsten Beispiel gezeigt wird.

FEINBEIN-SOFTWARE
WEIZENKEIM-ALLEE
D-55126 MAINZ
TEL.: 06131-12345
1. November 1995

Die Einrückungen im folgenden Eingabetext dienen lediglich der Verdeutlichung der
Befehlsstruktur. Sie sollten sich dies – besonders bei komplizierteren Verschachtelun-
gen – zur Gewohnheit machen. Es erspart Ihnen unter Umständen die entnervende
Suche nach einer fehlenden `\end{...}`-Anweisung.

```
\begin{flushright}                  % rechtsbuendig setzen
   \begin{scshape}                  % ab jetzt Small Caps
      {\LARGE Feinbein-Software}\\  % diese Zeile gross
      Weizenkeim-Allee\\            % als Schriftart
      D-55126 Mainz\\
      Tel.: 06131-12345\\
   \end{scshape}
   \textbf{\today}                  % Das Datum fett
\end{flushright}
```

Die Textzeilen werden mit \\ beendet, weil der Zeilenumbruch für LaTeX sonst keine
Bedeutung hat.

4.1.3   Zentrierung

Mit der `center`-Anweisung können Sie Text zentriert ausgeben lassen. Die Zentrierung bezieht sich auf den Textrand und nicht auf den Seitenrand. Sehen Sie sich
hierzu das folgende Beispiel und den anschließend abgedruckten Quelltext an.

THE ARTISTS
Jello Biafra *voc*
East Bay Ray *gt*
Klaus Flouride *bs*
Ted *dr*

```
\begin{center}
  \sffamily                        % Umschaltung auf Sans Serif
  THE ARTISTS\\
  Jello Biafra {\itshape voc}\\
  East Bay Ray {\itshape gt}\\     % Instrument kursiv drucken
  Klaus Flouride {\itshape bs}\\
  Ted {\itshape dr}
\end{center}
```

Beachten Sie, daß bei diesem Beispiel – im Gegensatz zum vorangehenden – kein
Bereich für die Schriftart angelegt wurde. Zu Beginn des `center`-Bereiches wurde
lediglich das Kommando `\sffamily` eingefügt. Nach der (kursiven) Instrumentenan-
gabe wird automatisch in der zuvor gewählten Schriftart weitergedruckt. Ein nach-
folgender Absatz würde nicht in Sans Serif ausgegeben, weil das Ende eines Bereiches
(im Beispiel ein `center`-Bereich) stets eine Aufhebung der Wirkung aller Befehle in
seinem Inneren bewirkt.

4.2 Spezielle Absatzformate

4.2.1 Zitate

Längere Zitate werden üblicherweise in separaten, etwas schmaleren Absätzen gedruckt. Dies erreichen Sie bei LaTeX durch die Einrichtung eines `quote`-Bereiches. Damit wird ein gleichmäßiger, beidseitiger Einzug der Absätze erzielt. Allerdings wird die erste Zeile des Absatzes nicht eingezogen (was eigentlich der Standardeinstellung von LaTeX entspricht[1]). Das Zitat wird durch einen kleinen zusätzlichen Freiraum vom übrigen Text abgesetzt. Zwischen seinen Absätzen wird ebenfalls automatisch ein zusätzlicher Abstand eingeschoben.

> Zitate sind die fehlerhaft wiedergegebenen Worte eines anderen.
>
> *Ambrose Bierce*

Diese Zeilen wurden folgendermaßen eingegeben:

```
\begin{quote}
    Zitate sind die fehlerhaft wiedergegebenen Worte eines anderen.

    {\footnotesize \itshape Ambrose Bierce}
\end{quote}
```

Ein `quotation`-Bereich unterscheidet sich in zwei Punkten von einem `quote`-Bereich: Zwischen den einzelnen Absätzen dieses Textbereiches wird kein zusätzlicher Leerraum eingefügt (wohl aber zwischen Zitat und umgebendem Text). Außerdem wird die erste Zeile jedes Absatzes eingezogen. Das folgende Zitat wurde mit dieser Anweisung formatiert.

> Ein lähmender Zauber hielt ihn umfangen und ließ ihn nicht mehr frei. Der Hilflose spürte die winzigen Wurzeln sich weiterbewegen gleich grabenden Fingern, spürte sie gleiten durchs Haar und weiter übers Gesicht und den Hals ...
> Die Pflanze aber, gedunsen und riesenhaft, lebte. Und zwischen ihren oberen Trieben begann mit dem Hingang des totenstillen, erstickend schwülen Nachmittags eine neue Blüte sich aufzutun.
>
> *C.A. Smith*

Betrachten Sie nun einmal die letzten Zeilen des folgenden Eingabetextes. Sie finden dort einen neuen Befehl `\raggedleft`.

---

[1]Beim Satz dieses Buches wurde der Einzug der ersten Absatzzeile abgeschaltet. Mit welchem Befehl das möglich ist, wird etwas später in diesem Kapitel gezeigt.

```
...
erstickend schw"ulen Nachmittags eine neue Bl"ute sich
aufzutun.

\raggedleft \itshape C.A. Smith
\end{quotation}
```

Die Befehle **\raggedleft**, **\raggedright** und **\centering** entsprechen in ihrer Wirkung den Bereichen **flushright**, **flushleft** und **center**. Sie dienen dazu, *innerhalb eines Bereiches* wie **quotation** z.B. einen rechtsbündigen Satz zu erreichen. Beachten Sie, daß für den *rechts*bündigen Satz der Befehl **\raggedleft** zu geben ist!

4.2.2 Gedichte

Für den Satz von Gedichten hält LaTeX den **verse**-Bereich bereit. Das Gedicht wird, wie das Zitat, mit einem kleinen Zwischenraum vom umgebenden Text abgesetzt. Die einzelnen Strophen werden bei der Eingabe durch Leerzeilen (i.e. Absätze) getrennt, die Zeilen durch \\. Ist eine Zeile zu lang, wird sie umbrochen und in der nächsten Zeile eingerückt fortgesetzt.

Die Bereiche **quote, quotation** und **verse** können bis zu sechs Ebenen tief verschachtelt werden. Sie können z.B. in ein Zitat ein Gedicht aufnehmen und für beide den jeweils benötigten Bereich benutzen.

4.2.3 Thesen

Gerade bei wissenschaftlichen Arbeiten ist es oft erwünscht, Kernthesen, Axiome etc. deutlich hervorzuheben. Deshalb können in LaTeX spezielle Bereiche für Thesen etc. definiert werden. Die Thesen werden von LaTeX automatisch durchnumeriert. Die Textformatierung wird ebenfalls automatisch vorgenommen. Eine These wird stets in diesem Stil ausgegeben:

These 1 *Thesen müssen unbedingt auffallen.*

Mit **\newtheorem** wird ein solcher Bereich in der Präambel definiert. Dem Befehl wird als Parameter ein Name übergeben, unter dem der Bereich später angelegt werden kann. Ein zweiter Parameter gibt an, welches Schlüsselwort die These einleiten soll. Dieses Schlüsselwort wird später fett ausgegeben. Im obigen Beispiel wurde „These" gewählt — „Axiom", „Satz" etc. wären natürlich auch möglich gewesen.

Nach der Definition mit

```
\newtheorem{these}{These}
```

können Thesen im Text folgendermaßen hervorgehoben werden:

```
\begin{these}
  Thesen m"ussen unbedingt auffallen.
\end{these}
```

Hinter `\begin{these}` kann in eckigen Klammern eine weitere Information (der Name des Urhebers oder dergleichen) folgen. Diese wird der These automatisch in runden Klammern vorangestellt.

```
\begin{these}[A.E. Neumann]
  Thesen m"ussen unheimlich auffallen.
\end{these}
```

These 2 (A.E. Neumann) *Thesen müssen unheimlich auffallen.*

Die Numerierung der Thesen durchzieht das gesamte Dokument. Wenn Sie eine kapitelweise Numerierung wünschen, geben Sie bei der Definition des Bereiches, als optionalen Parameter, die Gliederungseinheit **chapter** an. Andere Gliederungseinheiten wie **section** sind ebenfalls zulässig (siehe auch Kapitel 7.1).

```
\newtheorem{these}{These}[chapter]
```

Auf Seite 69 wird gezeigt, wie man sich im Text auf Thesen beziehen kann.

Das theorem-Paket

Mit den Befehlen des **theorem**-Paketes von Frank Mittelbach kann die Formatierung von Thesen beeinflusst werden. Der Parameter des `\theoremstyle`-Befehls spezifiziert das Aussehen der Thesen, Tabelle 4.1 zeigt die Optionen.
Die Schriftart eines Thesentextes kann mit `\theorembodyfont` verändert werden. `\theoremheaderfont` legt die Schriftart von Numerierung und Schlüsselwörtern global fest. `\theoremstyle` und `\theorembodyfont` wirken auf alle nachfolgenden Definitionen von Thesenbereichen, allerdings können unterschiedlichen Definitionen auch unterschiedliche Stilangaben vorangestellt werden. Das folgende Listing zeigt einen Ausschnitt aus einer Präambel, der das gesagte veranschaulichen soll:

Parameter	Wirkung
`plain`	Standardform: Dem Schlüsselwort folgt die Nummer und der eigentlichen Text; alles in einer Zeile.
`change`	Wie die Standardform, jedoch wird zuerst die Nummer, dann das Schlüsselwort, dann der Text ausgegeben.
`margin`	Setzt die Nummer der These in die Marginalienspalte außerhalb des eigentlichen Textbereiches. Es folgt das Schlüsselwort und dann der Text der These.
`break`	Setzt Schlüsselwort und Nummer in eine und den eigentlichen Text der These in eine neue Zeile.
`changebreak`	Es wird zuerst die Nummer, dann das Schlüsselwort ausgegeben, der eigentliche Text folgt in einer neuen Zeile.
`marginbreak`	Setzt die Nummer der These in die Marginalienspalte außerhalb des eigentlichen Textbereiches. Es folgt das Schlüsselwort. Der Text der These wird in eine neue Zeile gesetzt.

Tabelle 4.1: Die \theoremstyle-Optionen

```
...
\usepackage{theorem}            % Paket laden
\theoremstyle{break}            % Text in neuer Zeile
                                % beginnen
\theorembodyfont{\sffamily}     % Axiome:
\newtheorem{thA}{Axiom}         % Sans Serif


\theorembodyfont{\sffamily\itshape} % Saetze:
\newtheorem{thS}{Satz}          % Sans Serif/kursiv
                                % Numerierung und
\theoremheaderfont{\sffamily\bfseries} % Schluessel-
\begin{document}                % wort Sans Serif/fett
...
```

Angenommen es werden, wie in diesem Ausschnitt gezeigt, verschiedene Thesenbereiche definiert, dann werden die Axiome und Sätze in diesem Dokument mit jeweils eigenen Zählern versehen und somit separat numeriert. Wird die durchgehende Numerierung beider Thesenbereiche gewünscht, muß die Definition der Bereiche so aussehen:

```
\newtheorem{thA}{Axiom}
\newtheorem{thS}[thA]{Satz}     % gleichen Zaehler wie thA
...                             % verwenden
```

Soll kapitelweise numeriert werden, kann die Gliederungseinheit, wie oben bereits gezeigt, angehängt werden:

```
\newtheorem{thA}{Axiom}[chapter] % kapitelweise numerieren
\newtheorem{thS}[thA]{Satz}      % Zaehler uebernehmen
```

4.2.4 Dekorationen

◇
Wenn die
Designerlust
mit Ihnen durch-
geht, sollten Sie unbedingt
das Paket **shapepar** von Donald
Arseneau laden. Die Befehle für die Absatzformatierung haben sprechende Namen,
ihnen wird der gesamte Absatz als Parameter übergeben. Was Sie gerade lesen,
wurde mit `\diamondpar` gesetzt.
Im übrigen stellt das Pa-
ket `\heartpar` und
`\squarepar` zur
Verfügung.
◇

4.3   Abstände zwischen Absätzen

LaTeX fügt zwischen Absätzen normalerweise keinen zusätzlichen Leerraum ein. Wenn Sie das Erscheinungsbild der Seite etwas auflockern möchten, können Sie mit verschiedenen Kommandos dafür sorgen, daß die einzelnen Absätze etwas auseinandergezogen werden.

Mit den Befehlen `\smallskip`, `\medskip` und `\bigskip` können Sie drei unterschiedlich große, „vorgefertigte" Abstände einfügen. Die drei Abstände entsprechen etwa $\frac{1}{4}$, $\frac{1}{2}$ bzw. einer ganzen Zeile. Setzen Sie den Befehl an das Ende des jeweiligen Absatzes. Für eine Feineinstellung nach persönlichen Geschmack benutzen Sie den `\parskip`-Befehl. Das Kommando

```
\parskip1cm
```

bewirkt einen Abstand von einem Zentimeter zwischen den folgenden Absätzen. In der Präambel plaziert, legt `\parskip` den Absatzabstand für das gesamte Dokument fest.

Da der Absatzabstand mit der jeweils gewählten Schriftgröße harmonieren sollte, sollten Sie hier aber kein absolutes Maß (wie `cm`) eingeben, sondern eine von der jeweiligen Schrift abhängige Größe. Auf Seite 12 wurde dafür die Einheit `ex` vorgestellt. Zur Erinnerung: `1ex` entspricht der Höhe des Buchstabens x der gerade gewählten Schrift. Einen nicht zu großen dynamischen Absatzabstand erreichen Sie z.B. mit dem folgenden Eintrag in die Präambel Ihres Textes.

```
\documentclass{article}
\usepackage{german}
\sloppy
\parskip0.8ex
\begin{document}
```

4.4 Leerräume zwischen und in Absätzen

Mit `\vspace` können Sie einen frei definierbaren vertikalen Leerraum zwischen zwei Absätze schieben. Dies kann z.B. sinnvoll sein, wenn Sie nachträglich Bilder, Diagramme o.ä. in Ihren Text einkleben möchten.

Die Größe des gewünschten Abstandes wird als Parameter übergeben. Der Befehl `\vspace{5cm}` fügt einen fünf Zentimeter langen vertikalen Zwischenraum ein. Der Befehl kann am Ende eines Absatzes oder auch in einem Absatz plaziert werden. Trifft LaTeX innerhalb eines Absatzes auf das Kommando, wird die aktuelle Zeile nicht einfach beendet, sondern korrekt bündig gesetzt. Erst dann wird der Zwischenraum eingesetzt. Wenn Sie den Befehl mit * modifizieren, wird der Raum auch dann eingefügt, wenn er auf den Beginn oder das Ende einer Seite fällt.

Wird zwischen zwei Absätzen das Kommando `\vfill` eingesetzt, erzeugt LaTeX ebenfalls einen vertikalen Leerraum. Durch diesen wird der zweite Absatz so „weitergeschoben", daß er am unteren Seitenrand endet. Wenn Sie beabsichtigen, einen Absatz1 am Seitenanfang und Absatz2 am Seitenende drucken zu lassen, sieht Ihre Eingabe so aus:

```
...
\newpage
absatz1

\vfill

absatz2
\newpage
...
```

Die Anweisung `\newpage`, auf die später noch einmal eingegangen wird, löst einen Seitenvorschub aus.

4.5 Zeilenabstand

LaTeX ermittelt den Zeilenabstand in Abhängigkeit von der Schriftgröße jedes Absatzes. Man erhält dadurch ein sehr harmonisch wirkendes Druckbild und sollte den Zeilenabstand deshalb nach Möglichkeit nicht verändern. Wenn das trotzdem nötig wird, benutzen Sie hierfür den Befehl \baselineskip. Der gewünschte Wert wird dem Befehl direkt (ohne geschweifte Klammern) angehängt.

Die Abhängigkeit des Zeilenabstandes von der benutzten Schriftgröße kann problematisch werden. Wenn nämlich innerhalb eines Absatzes mehrere unterschiedliche Schriftgrößen benutzt werden, kommt es zu unschönen Ergebnissen. In diesem wohl eher seltenen Fall kann man mit \baselineskip korrigierend eingreifen. Weil nur der *letzte* Abstandswert eines Absatzes für das Gesamterscheinungsbild relevant ist, steht der \baselineskip-Befehl am Ende des Absatzes.

Endet ein Absatz z.B. mit einer relativ kleinen Schriftgröße wie footnotesize, erhält man ein besseres Gesamtbild, wenn man den Zeilenabstand etwas erhöht, wie im folgenden Beispiel zu sehen ist.

```
...
Schriftgr"o"sen sollte man tunlichst vermeiden. Sie ruinieren
das Erscheinungsbild einer ganzen Seite.\baselineskip7mm
```

Anderthalbzeiliger Abstand

Magisterarbeiten, Dissertationen oder ähnliche Manuskripte müssen im allgemeinen mit einem eineinhalbfachen Zeilenabstand gedruckt werden. Um das auch mit LaTeX zu erreichen, muß man eine interne Variable \baselinestretch manipulieren. Der von LaTeX gewählte Zeilenabstand hängt vom Wert von \baselinestretch ab, der als Voreinstellung 1 beträgt. Um nun einen anderthalbzeiligen Abstand zu erhalten, multiplizieren Sie \baselinestretch mit 1.5. Das geschieht mit dem \renewcommand-Befehl. Mit dieser Anweisung „überschreibt" man die Variable \baselinestretch. Setzen Sie das Kommando

```
\renewcommand{\baselinestretch}{1.5}
```

in die Präambel Ihres Textes ein, um den gewünschten Zeilenabstand für das gesamte Dokument zu erhalten. Allerdings kann das Kommando auch an jeder anderen Stelle stehen. Beachten Sie in diesem Fall jedoch, daß LaTeX den Zeilenabstand erst nach einem Wechsel der Schriftgröße ändert. Das bedeutet, daß man sich mit einem Kniff helfen muß, wenn es darum geht, den Zeilenabstand bei gleichbleibender Schriftgröße zu ändern: Wechseln Sie nach der Änderung des Zeilenabstandes kurz auf eine beliebige Schriftgröße und schalten Sie dann mit \normalsize auf die Standardgröße zurück.[2] Die komplette Befehlssequenz sieht so aus:

```
\renewcommand{\baselinestretch}{1.5} % 1,5 zeiliger Abstand
\small\normalsize                    % Pseudoumschaltung
```

Bei Dissertationen usw. wird oft verlangt, daß der Text mit anderthalbfachem Zeilenabstand, Zitate aber einzeilig gedruckt werden. Wie Sie dieses Problem sehr einfach lösen, zeigt der folgende Textauszug.

---

[2]Dieser Trick stammt aus Helmut Kopkas Einführungsbuch (siehe Literaturverzeichnis).

```
\documentclass{report}
\usepackage{german}
\sloppy
...
\renewcommand{\baselinestretch}{1.5} % 1,5facher Zeilenabstand
\begin{document}                     % fuer gesamten Text
.
.                                    % "normaler" Text
.                                    % es folgt ein Zitat, das
\renewcommand{\baselinestretch}{1}   % einzeilig zu drucken ist
\small\normalsize                    % Groessenwechsel vorgaukeln
\begin{quote}                        % Beginn d. Zitatbereiches
   ...                               % Text des Zitates
\end{quote}                          % Ende d. Zitatbereiches
\renewcommand{\baselinestretch}{1.5} % Zurueckschalten auf
\small\normalsize                    % groesseren Zeilenabstand
.                                    % und Pseudo-Groessenwechsel
.                                    % normaler Text
.
```

4.6   Einzug der ersten Zeile

Mit Ausnahme der Absätze, die einer Überschrift folgen,[3] rückt LaTeX die erste Zeile
jedes Absatzes etwas ein. Sie können diesen Wert vergrößern oder verkleinern. Geben
Sie dafür den Befehl \parindent, gefolgt von der gewünschten Größenangabe ein.

```
\parindent1cm
```

zieht die erste Zeile jedes Absatzes um einen Zentimeter ein. Es können auch negative
Einzüge für die erste Zeile festgelegt werden. \parindent-1cm zieht die erste Zeile
jedes Absatzes um einen Zentimeter zum linken Blattrand hin.

Man wird den \parindent-Befehl in der Präambel eines Dokumentes plazieren, um
eine einheitliche Einrückung zu erzielen. Im Text wirkt das Kommando bis zum
Ende des Bereiches oder Dokumentes bzw. bis zum nächsten \parindent-Befehl. In
der unten abgedruckten Präambel wird die Absatzeinrückung (wie in diesem Buch)
für das gesamte Dokument ausgeschaltet:

```
\documentclass[12pt]{article}
\usepackage{german}
\parindent0cm              % kein Erstzeileneinzug
\begin{document}
   ...
```

---

[3]Mit dem Paket indentfirst von David Carlisle, das unter DOS mit \usepackage{indenrst}
zu laden ist, werden auch die Zeilen nach einer Überschrift eingezogen.

Wenn Sie den Einzug der ersten Zeile für nur einen einzigen Absatz verhindern wollen, können Sie diesen Absatz mit dem `\noindent`-Befehl einleiten. Umgekehrt bewirkt `\indent` das Einziehen der ersten Zeile des folgenden Absatzes, wo es ansonsten unterbleiben würde. Stellen Sie den Befehl dem Absatz in einer separaten Zeile voran.

4.7 Textpassagen mehrspaltig setzen

LaTeX erlaubt Ihnen, einzelne Seiten (siehe Kapitel 5.4 auf S.47) oder ganze Dokumente (siehe Kapitel 6.2.7 auf S.53) zweispaltig zu setzen. Wenn Sie das `multicol`-Paket von Frank Mittelbach in der Präambel laden, können Sie auch einzelne Textpassagen mehrspaltig setzen. Verwenden Sie hierfür den `multicols`-Bereich, der folgendermaßen angelegt wird:

`\begin{multicols}{n}[Vorsp][min]`
Der erste, obligatorische Parameter n bestimmt die Anzahl der Spalten: bis zu zehn sind hier möglich. Der zweite Parameter enthält einen optionalen Vorspann der einspaltig über die Textpassage gesetzt wird. Der letzte Parameter `min` gibt schließlich vor, wieviel Platz auf der aktuellen Seite mindestens verfügbar sein soll. Wird der Wert unterschritten, wird der Text des Bereiches erst auf der nächsten Seite begonnen. Beachten Sie, daß sich die mehrspaltig gesetzte Textpassage durchaus über mehrere Seiten erstrecken kann.

Der folgende Textauszug zeigt, wie dieser Abschnitt eingegeben wurde.

```
\begin{multicols}{2}[\section{Textpassagen mehrspaltig setzen}]
    \LaTeX\ erlaubt Ihnen, einzelne Seiten (siehe Kapitel
    ...
    wie dieser Abschnitt eingegeben wurde.
\end{multicols}
```

Wen Sie die Spalten durch eine Linie trennen möchten, plazieren Sie ein `\columnseprule`-Kommando hinter die Einleitung des Bereichs:

```
\begin{multicols}{2}      % zweispaltiger Satz
\columnseprule0.5pt       % 0.5 pt breite Trennlinie
    ...
```

4.8 Absätze auf einer Seite halten

Um zu verhindern, daß ein Absatz – im Zuge des Seitenumbruchs – auf zwei Seiten verteilt wird, kann ihm der `\samepage`-Befehl vorangestellt werden. Der Befehl kann auch bei den Elementen einer Liste (s.d.) benutzt werden. Um die Reichweite von `\samepage` zu vergrößern, kann man entweder einen Bereich festlegen oder das

Kommando in der Präambel des Textes plazieren. Wenn \samepage in der Präambel steht, sind davon *alle* Absätze betroffen. Ein Bereich für einige Absätze wird folgendermaßen definiert:

```
\begin{samepage}
   ...
\end{samepage}
```

Wenn es darum geht, mehr Text auf einer Seite unterzubringen, sollten Sie den Befehl \enlargethispage verwenden, der auf Seite 45 vorgestellt wird.

4.9   Absätze zusammenhalten

Ein Seitenumbruch exakt zwischen zwei Absätzen kann mit der \nopagebreak-Anweisung unterbunden werden, wenn diese zwischen den beiden Absätzen eingefügt wird. An \nopagebreak kann ein optionaler Parameter übergeben werden, der LaTeX mitteilt, in welchem Maß ein Verhindern des Umbruchs hier gewünscht wird. Der Wert des Parameters kann zwischen 0 und 4 liegen, wobei 4 für die höchste Priorität steht. Mit anderen Worten verbietet \nopagebreak[4] einen Umbruch an dieser Stelle, während \nopagebreak[0] der freundlichen Bitte gleichkommt, hier doch nach Möglichkeit keinen Umbruch vorzunehmen.

4.10   Einen Seitenumbruch erzwingen

Mit dem \newpage-Befehl erzwingen Sie einen Seitenvorschub. Das kann z.B. dann sinnvoll sein, wenn Sie ein Unterkapitel, ein Zitat o.ä. auf einer neuen Seite beginnen lassen möchten. Mit \pagebreak wird ein Seitenumbruch in einem Absatz vorgeschlagen. Wie bei \nopagebreak (s.o.) kann mit einem optionalen Parameter festgelegt werden, inwieweit LaTeX diesem Kommando folgen „soll" oder „kann".

Wenn Sie beabsichtigen, die Breite einzelner Absätze im Text zu verändern, müssen Sie mit sog. Absatzboxen arbeiten. Diese werden in Kapitel 14.2 vorgestellt.

Kapitel 5

Seitenformatierung

> *In diesem Kapitel geht es um das Erscheinungsbild der einzelnen Druckseiten, d.h. um die Textbreite und -länge, die Seitennumerierung usw. Da solche Einstellungen üblicherweise für das gesamte Dokument gelten, werden die jeweiligen Befehle in der Präambel untergebracht.*

5.1 Seitenränder

5.1.1 Textbreite und -länge

Mit dem `\textwidth`-Befehl können Sie die Breite der Textzeilen verändern. In der unten abgedruckten Präambel wird die Zeilenbreite auf 10 cm eingestellt. Das ist deutlich weniger als in der LaTeX-Voreinstellung. Ein schmaler Textkörper kann schön aussehen; beachten Sie aber, daß kürzere Zeilen zur Folge haben, daß LaTeX häufiger trennen muß, bzw. häufiger Leerflächen einschieben muß, um den Blocksatz zu erreichen (siehe hierzu auch Seite 23). Insgesamt kann das Erscheinungsbild der Seite dadurch eher verschlechtert werden. Zu breite Zeilen sind dagegen anstrengend zu lesen. Der optimale Wert liegt bei 60 bis 65 Zeichen pro Zeile.

```
\documentclass[11pt]{report}
\usepackage{german}
\sloppy                 % Trennvorschrift lockern
\textwidth10cm          % Textbreite 10 cm.
\begin{document}
```

Beachten Sie, daß die Maßangabe direkt an den Befehl angehängt wird.

Mit Text*länge* ist hier das bedruckte Areal auf einer Seite abzüglich Kopf- und Fußzeilenbereich gemeint. Der Eintrag des Kommandos

```
\textheight20cm
```

in der Präambel „verlängert" den bedruckten Teil der Seite. Wenn Sie mit außergewöhnlichen Papierformaten arbeiten, können Sie den Druckbereich natürlich auch kürzen. Die Fußzeilen, Seitenzahlen etc. werden automatisch nachgezogen.

Das `\topskip`-Kommando erlaubt Ihnen festzulegen, mit welchem Abstand von der eigentlichen Oberkante des Textbereiches die Grundlinie der ersten Zeile liegen soll.

5.1.2 Der linke und rechte Seitenrand

Der linke Seitenrand – das ist der Abstand zwischen linkem Papierrand und Beginn des Textbereiches – kann mit dem Befehl `\oddsidemargin` festgelegt werden. Da LaTeX von sich aus einen linken Seitenrand von einem Inch vorsieht, wird der von Ihnen gewählte Wert diesem Rand *hinzugefügt*. Mit negativen Werten verkleinern Sie den Rand.

Bei dem Dokumentenstil **book** bzw. beim doppelseitigen Druck[1] werden gerade und ungerade Seiten mit unterschiedlich breiten linken Rändern gesetzt (der äußere Rand ist etwas breiter als der innere). Der `\oddsidemargin`-Befehl wirkt dabei nur auf ungerade Seiten. Um auch bei den geraden Seiten den linken Rand zu verändern, müssen Sie zusätzlich den `\evensidemargin`-Befehl benutzen. Dieses Kommando ist bei anderen Dokumentenstilen wirkungslos. Dort können Sie nur `\oddsidemargin` einsetzen. Die nächsten Zeilen zeigen, wie man einen relativ breiten linken Rand einstellen kann.

```
\documentclass[11pt]{report}
...
\oddsidemargin5cm
...
```

Der rechte Seitenrand ist vom linken Seitenrand und dem Wert abhängig, den Sie `\textwidth` übergeben haben.

5.1.3 Der obere Seitenrand

Der obere Seitenrand ist der Abstand zwischen der Oberkante des durch den Drucker bedruckbaren Papierbereiches und der oberen Kante der Kopfzeile. Der Wert kann mit dem `\topmargin`-Befehl variiert werden. Geben Sie den gewünschten Wert direkt hinter dem Befehl in der Präambel ein (z.B. `\topmargin1cm`). LaTeX gibt einen oberen Seitenrand von einem Inch vor, so daß der von Ihnen gewählte Wert diesem Rand *hinzugefügt* wird. Mit negativen Werten reduzieren Sie diesen Rand.

Sie können Längen auch mit dem `\addtolength`-Befehl ändern. Übergeben Sie dem Befehl zuerst den Namen der zu ändernden Variablen und dann den gewünschten

---

[1] Mit *doppelseitig* ist das Bedrucken des Papieres auf Vorder- und Rückseite gemeint. Wie das geht, wird im nächsten Kapitel gezeigt. Doppelseitiger Druck verlangt eine spezielle Formatierung, bei der die jeweils äußeren Ränder der Seiten breiter gehalten werden als die inneren. Dabei müssen sich die bedruckten Areale der Vorder- und Rückseiten decken.

Wert. Mit `\addtolength{\topmargin}{-0.5cm}` wird z.B. der obere Seitenrand verringert.

5.1.4 Der untere Seitenrand

Wenn Sie den Dokumentenstil **book** benutzen oder doppelseitig drucken, sorgt LaTeX dafür, daß die Länge des Textareales auf jeder Seite die gleiche ist. LaTeX ruft dafür automatisch den Befehl `\flushbottom` auf. Sie können diesen Befehl bei anderen Dokumentenstilen verwenden, um auch dort identische untere Ränder auf allen Seiten zu erhalten. LaTeX fügt nach `\flushbottom` dort, wo es nötig wird, kleine vertikale Leerräume ein, um übereinstimmende Seitenspiegel zu erzeugen. Wenn Sie dies beim doppelseitigen Druck oder bei Verwendung des Dokumentenstils **book** nicht wünschen, müssen Sie den Befehl `\raggedbottom` in die Präambel aufnehmen. Damit wirkt der Satz dann ein wenig harmonischer, jedoch sind die Längen des Textbereiches eben nicht vollkommen identisch. Bei den Dokumentenstilen **report** und **article** ist `\raggedbottom` die Voreinstellung.

Der untere Seitenrand hängt im übrigen vom oberen Rand, der Textlänge und den Einstellungen für Kopf- und Fußzeilen ab (vgl. Seite 82).

5.1.5 Manipulation der Seitenlänge

Anhand Ihrer Vorgaben für die Seiten- und Dokumentenformatierung (die im nächsten Kapitel besprochen wird) umbricht TeX die einzelnen Seiten, d.h. Text, der nicht mehr auf die Seite paßt, wird auf die folgende Seite verschoben. Man kann hier mit `\nopagebreak` (vgl. S.42) eingreifen, wenn man einen Absatz partout auf der aktuellen Seite halten will. Unter Umständen hat das aber keinen Erfolg, weil TeX sich an die Parameter hält, die das Format der Seite beschreiben – ab einem bestimmten Punkt ist für TeX die Seite eben definitiv zuende. Wenn es trotzdem *unbedingt* notwendig ist, eine Textpassage noch auf der aktuellen Seite unterzubringen, haben Sie die Möglichkeit, die Seite zu „verlängern" und den Umbruch selbst in die Hand zu nehmen. Benutzen Sie hierfür zunächst den Befehl `\enlargethispage` in der *-Form.[2] `\enlargethispage*{1cm}` beispielsweise verlängert die aktuelle Seite um einen Zentimeter. Der Befehl wird an der Stelle plaziert an der TeX einen Umbruch vornehmen wollte. Fügen Sie anschließend an der Position, an der der Seitenumbruch gewünscht ist, eine `\pagebreak`-Anweisung ein.

5.2 Seitennumerierung

Die Seitenzahlen werden in Form arabischer Zahlen in den Kopf- bzw. Fußzeilen ausgedruckt. Die Art der Numerierung kann mit dem `\pagenumbering`-Befehl verändert

---

[2]Die *-Form des Befehls bewirkt zugleich, daß vertikale Leerräume minimiert werden. Die Standardform des Befehles tut dies nicht.

werden. Der Befehl hat zwei Funktionen. Zum einen setzt er einen internen Zähler auf eins, zum anderen definiert der übergebene Parameter, wie der Zählerstand auszugeben ist. Z.B. sorgt der Eintrag von `\pagenumbering{Roman}` für eine Numerierung mit großen römischen Zahlen (IV). Mit dem Parameter `roman` erhält man kleine römische Zahlen, mit `alph` kleine und mit `Alph` große Buchstaben.

Das `pagenumbering`-Kommando kann innerhalb des Textes auftauchen. Die aktuelle Seite erhält dann die Nummer eins. Die Zahlen werden entsprechend der übergebenen Ausgabevariante gesetzt.

Wenn Sie ein umfangreicheres Dokument aus mehreren Texten zusammensetzen oder „fremde" Seiten (Bilder, Diagramme) in Ihren Text einfügen möchten und durchgehende Seitenzahlen wünschen, müssen Sie den internen Seitenzähler mit dem `\setcounter`-Befehl manipulieren. Dem Kommando wird der Name des Zählers und der neue Wert übergeben. Der Zähler für die Seitenzahlen heißt `page`. Um also die Seitennumerierung bei 42 beginnen zu lassen, muß im Text die folgende Zeile eingefügt werden:

```
\setcounter{page}{42}
```

5.3   Seitenzahlen umformatieren

Wenn LaTeX einen Zählerstand ausgibt, wird intern ein Befehl aufgerufen, dessen Name sich aus der Silbe `the` und dem Namen des Zählers zusammensetzt. Die Ausgabe der Seitenzahl erfolgt also mit dem internen Befehlsaufruf `\thepage`. Sie können diesen Befehl benutzen, wenn Sie die aktuelle Seitenzahl ausgeben möchten.

Der Befehl `\thepage` gibt die Seitenzahl mit der von Ihnen oder LaTeX vorgegebenen Formatierung aus. In der Voreinstellung steht `\thepage` für `\arabic{page}` – ein Befehl, den Sie ebenfalls im Text plazieren können. Wenn Sie mit `\pagenumbering{Roman}` eine andere Ausgabeart gewählt haben, löst der Aufruf von `\thepage` den Aufruf von `\Roman{page}` aus. `\thepage` ist also auch eine Art Platzhalter, für den LaTeX unterschiedliche andere Befehle einfügt.

In Kapitel 4.5 wurde schon einmal der `\renewcommand`-Befehl erwähnt. Mit diesem Kommando lassen sich interne Einstellungen oder Platzhalter von LaTeX verändern. Das kann man sich zunutze machen, wenn man Seitenzahlen mit einem speziellen Format drucken lassen möchte. Man kann nämlich dem Platzhalter `\thepage` mit `\renewcommand` einen anderen Befehl zuweisen. Wenn Sie z.B. die Seitenzahlen kursiv drucken lassen möchten, setzen Sie diese Zeile in die Präambel ein:

```
\renewcommand{\thepage}{\itshape\arabic{page}}
```

Mit

```
\renewcommand{\thepage}{-\arabic{page}-}
```

erreichen Sie die Ausgabe der Seitenzahlen in Spiegelstrichen.

5.4 Einzelne Seiten zweispaltig drucken

Wenn Sie ein ganzes Dokument zweispaltig setzen lassen möchten, können Sie dies mit einer entsprechenden Parameterübergabe an den \documentclass-Befehl[3] erreichen. Eine oder mehrere Seiten eines sonst einspaltig gesetzten Textes werden mit dem \twocolumn-Befehl zweispaltig gedruckt. Der doppelspaltige Satz beginnt stets auf einer neuen Seite und wird mit dem Befehl \onecolumn wieder aufgehoben. Der einspaltige Satz beginnt dann ebenfalls wieder auf einer neuen Seite. Dem \twocolumn-Befehl kann als optionaler Parameter ein Text übergeben werden, der *ein*spaltig am Anfang der neuen Seite über die beiden Textspalten gesetzt wird. Hier ein kurzes Beispiel:

```
\twocolumn[Dieser Text wird einspaltig "uber eine neue,
zweispaltig gesetzte Seite gedruckt. Dieser Vorspann
kann l"anger als eine Zeile sein. Er kann
\emph{Zeichenformatierungen} enthalten, und er
kann in einer besonderen Schriftart gedruckt werden.

Er kann sogar einen weiteren Absatz enthalten, obgleich
das nicht sehr sch"on aussieht. Die ersten Zeilen der
Abs"atze werden von \LaTeX\ nicht eingezogen.]

Und hier beginnt der zweispaltige Text ...
...
\onecolumn   % wieder auf einspaltigen Druck umgeschalten
```

Einen flexibleren mehrspaltigen Satz unterstützt das multicol-Paket, das auf Seite 41 beschrieben wurde.

5.5 Randnotizen

Mit dem \marginpar-Kommando lassen sich Absätzen kurze Randnotizen zuweisen. Maximal fünf solcher Randbemerkungen können Sie auf einer Seite anbringen. Die Notizen werden von LaTeX bei einseitigem Druck am rechten Seitenrand angeordnet, bei doppelseitigen Dokumenten am jeweils äußeren Rand. Bei zweispaltigen Texten stehen sie am Seitenrand neben der jeweiligen Spalte, in der der Text auftritt. Mit \reversemarginpar erreichen Sie, daß die Notizen am linken bzw. inneren Seitenrand ausgegeben werden. Mit \normalmarginpar wird die Standardeinstellung reaktiviert. Bei zweispaltigem Druck sind diese Befehle nicht zu verwenden.

Der Text der Randnotiz wird \marginpar als Parameter mitgegeben. Die Anweisung

```
\marginpar{So\\ sieht\\ eine\\ \emph{Randnotiz}\\ aus.}
```

---

[3]siehe folgendes Kapitel

erzeugt eine Randbemerkung. Die erste Zeile liegt auf der Höhe der Textzeile, in der sie eingegeben wurde.

Halten Sie Randnotizen möglichst kurz. Beachten Sie auch, daß diese am Seitenende nicht umbrochen werden können. Bei längeren Notizen sollten Sie die Zeilenumbrüche, wie im Beispiel, mit \\ selbst vornehmen.

Mit `\marginparwidth` können Sie die Breite der „Box" für die Randnotizen definieren. Der Abstand zwischen dieser Box und dem eigentlichen Text kann mit `\marginparsep` variiert werden. Durch `\marginparpush` kann der minimale Abstand zwischen zwei Notizen festgelegt werden. Den Kommandos wird der gewünschte Wert direkt angehängt.

Beim doppelseitigen Druck wissen Sie nicht, ob die Notiz auf einer ungeraden oder einer geraden Seite erscheinen wird. Sie wissen deswegen auch nicht, ob sie rechts oder links vom eigentlichen Text angeordnet werden wird. Das ist dann zu bedenken, wenn Sie eine Randnotiz z.B. mit einem Pfeil versehen möchten, der, unabhängig davon, wo die Notiz steht, auf den Text weist. In diesem Fall übergeben Sie `\marginpar` als *optionalen* Parameter den Inhalt der Notiz für linke Seiten. Den Inhalt der eckigen Klammern wählt LATEX also aus, wenn die Notiz an einem linken Seitenrand anzubringen ist. Wird die Notiz auf einen rechten Rand gedruckt, übernimmt LATEX den Text in den geschweiften Klammern. Die Befehlssyntax sieht demnach so aus:

```
\marginpar[fuer_linkeRaender]{fuer_rechteRaender}
```

Die Pfeile ◁ und ▷ sind mathematische Symbole, deren Verwendung in Kapitel 13.5.10 erklärt wird. Mit der Anweisung `$\lhd$` wird ein nach links weisendes Dreieck und mit `$\rhd$` ein nach rechts weisendes Pendant erzeugt.[4] Um zu erreichen, daß einer der Pfeile beim doppelseitigen Druck stets zum Text hin weist, ist folgendes einzugeben:

```
... \marginpar[$\hfill\rhd$]{$\lhd$} ...
```

Da Randnotizen von LATEX linksbündig in Boxen gesetzt werden, werden die Inhalte auf linken Seiten weiter vom Text entfernt plaziert als auf rechten. Deswegen wurde `\hfill` vor dem Symbol für die linken Seiten eingegeben. Durch das Einschieben des dehnbaren Leerraumes wird der Pfeil rechtsbündig in die Box gesetzt (vgl. Seite 21).

Wenn die Randnotizen außer dem Symbol Text enthalten sollen, sieht es besser aus, wenn das Symbol durch einen Zeilenvorschub mit \\ vom Text abgesetzt wird. Hier ein Beispiel:

```
\marginpar[\hfill$\rhd\rhd$\\\hspace*{\fill}\itshape Ein
Beispiel]{$\lhd\lhd$\\\itshape Ein Beispiel}
```

---

[4]Laden Sie bitte das Paket `latexsym`, damit Sie diese Symbole benutzen können.

Vor „Ein Beispiel" wurde für die linken Seiten Leerraum eingeschoben, um die zwei Worte rechtsbündig unter den Pfeilen zu positionieren. Die Befehlsmodifikation mit * gestattet, auch am Beginn einer Zeile Leerraum einzufügen.

Beabsichtigen Sie, solche Konstruktionen oft in Ihren Texten zu benutzen, sollten Sie hierfür eigene Befehle definieren – schon, um sich die doppelte Eingabe des Textes zu ersparen (vgl. Kapitel 17).

5.6 Grafische Ausgabe der Seitenformatierung

Der Befehl `\layout`, der durch das gleichnamige Paket von Kent McPherson und Johannes Braams bereitgestellt wird, erzeugt eine grafische Darstellung Ihres Seitenlayouts. Plazieren Sie den Befehl am Anfang des Textbereiches, um die Grafik in einem LaTeX-Durchlauf zu erzeugen, und entfernen Sie ihn anschließend wieder.

Kapitel 6

Dokumentenformatierung

Nach der Behandlung der Zeichen-, Absatz- und Seitenformatierung widmet sich dieses Kapitel der Formatierung des Gesamttextes durch die Wahl der Dokumentenklasse und verschiedener Stiloptionen.

6.1 Auswahl einer Dokumentenklasse

Das Erscheinungsbild eines Dokumentes wird zwar wesentlich durch die Formatierung auf Absatz- und Seitenebene bestimmt. Die generelle Layout-Definition wird aber global durch die Auswahl einer Dokumentenklasse festgelegt. LaTeX bietet vier *document classes* an: `book`, `article`, `report` und `letter`.

▷ Die Dokumentenklasse `book` ist für Bücher und vergleichbare Publikationen gedacht. Die Druckausgabe erfolgt von vornherein doppelseitig, wie Verlage das von reproduktionsreifen Manuskripten erwarten. Die äußeren Seitenränder fallen deutlich breiter aus als die inneren.

▷ Das `article`-Layout ist für kleinere Texte (Zeitschriftenbeiträge, Berichte, Seminararbeiten etc.) konzipiert worden.

▷ Mit der Klasse `report` werden größere, stärker strukturierte Abhandlungen wie Dissertationen usw. gesetzt. Die Druckausgabe erfolgt bei den Layouts `article` und `report` einseitig, doppelseitiger Druck ist freilich auch hier möglich.

Die Unterschiede zwischen den drei Klassen `article`, `report` und `book` werden in den folgenden (Unter-) Kapiteln noch angesprochen. Sie machen sich z.B. bei der Dokumentenstrukturierung oder bei den Kopfzeilen bemerkbar.

▷ Die `letter`-Klasse unterstützt die Abfassung von Briefen. Hierauf wird am Ende des Kapitels eingegangen.

Die Dokumentenklasse wird mit der \documentclass-Anweisung in der Präambel festgelegt. Mit der folgenden Anweisung wird das Layout **book** ausgewählt:

```
\documentclass{book}
```

6.2   Optionale Einstellungen

Sie können dem \documentclass-Befehl optionale Parameter übergeben, mit denen Sie das Layout des Textes beeinflussen. Diese werden in eckige Klammern vor den Klassenparameter gesetzt. Werden mehrere Parameter angegeben, werden sie durch Kommata getrennt. Die Reihenfolge der Parameter spielt keine Rolle. Vermeiden Sie die Eingabe von Leerzeichen. Mit der folgenden Eingabe wird ein Text als zweispaltiger *report* mit einer 11 Punkt Schrift auf A4-Papier gesetzt.

```
\documentclass[a4paper,twocolumn,11pt]{report}
```

Wenn Sie Zusatzpakete mit dem \usepackage-Befehl in Ihren Text einbinden, werden die optionalen Parameter des \documentclass-Befehls automatisch an diese „vererbt". Wenn mehrere Pakete den gleichen Parameter erwarten, genügt es also, diesen einmal als Option an das \documentclass-Kommando zu übergeben.

6.2.1   Die Standardschriftgröße

Wenn Sie keinen Schriftgrößenparameter übergeben, setzt LATEX Ihren Text in einer 10 Punkt großen Schrift. Als alternative Standardschriftgröße[1] können Sie hier 11pt oder 12pt wählen.

6.2.2   Das Papierformat

Mit einem der folgenden Parameter teilen Sie LATEX das verwendete Papierformat mit, andernfalls geht das System von der Papiergröse **letterpaper** aus:[2]

```
a4paper     letterpaper
a5paper     legalpaper
b5paper     executivepaper
```

6.2.3   Querformatiger Druck

Sofern Ihr Druckertreiber diese Möglichkeit unterstützt, können Sie LATEX mit dem Parameter **landscape** anweisen, Ihren Text im Querformat zu setzen.

---

[1]Standardschriftgröße bedeutet, daß der gesamte Text in dieser Größe gedruckt wird, soweit Sie die Schriftgröße nicht mit einer Zeichenformatierung verändern.

[2]Mit dem alternativ verwendbaren a4-Paket erhalten Sie schmalere Seitenränder.

6.2.4 Doppelseitiger Druck

Doppelseitiger Druck bedeutet, daß der Text in Form von linken (geraden) und rechten (ungeraden) Seiten mit unterschiedlicher Formatierung ausgedruckt wird. Die äußeren Seitenränder sind dabei etwas breiter als die inneren (zur Bindung hin liegenden). LaTeX setzt den Text dabei so, daß sich die bedruckten Zonen der späteren Vorder- und Rückseiten decken. Bei der Dokumentenklasse **book** ist dies die Voreinstellung (die mit der **oneside**-Option deaktiviert werden kann).

Um einen z.B. mit der Dokumentenklasse **report** gesetzten Text so aufzubereiten, daß er doppelseitig gedruckt werden kann, geben Sie **twoside** als optionalen Parameter an. Das Beispiel zeigt, wie eine \documentclass-Anweisung auszusehen hat, um einen Text im **report**-Stil mit einer Standardschriftgröße von 11 Punkt doppelseitig setzen zu lassen.

```
\documentclass[twoside,a4paper,11pt]{report}
```

Es gibt Druckertreiber, die gerade und ungerade Seiten getrennt ausdrucken können. Nur unter dieser Voraussetzung sind Sie in der Lage, die Seiten auch wirklich beidseitig bedrucken zu lassen. Werfen Sie hierzu einen Blick in die Bedienungsanleitung Ihres Druckertreibers.

6.2.5 Beeinflussung des Formelsatzes

Der Parameter **fleqn** bewirkt, daß Formeln nicht zentriert gesetzt werden, sondern linksbündig. Der Einzug wird mit dem \mathindent-Kommando gewählt. Der Parameter **leqno** läßt die Nummern der Formeln linksbündig setzen. Auf beide Parameter wird auf Seite 124 in Kapitel 13.2 eingegangen.

6.2.6 Kapitelanfänge

In der Dokumentenklasse **book** wird ein Kapitelanfang stets auf eine rechte Seite gesetzt. Mit dem Parameter **openany** wird diese Voreinstellung deaktiviert. Bei der **report**-Klasse gibt es diese Voreinstellung nicht: Hier bewirkt der Parameter **openright**, daß neue Kapitel immer auf einer rechten Seite begonnen werden, soweit doppelseitig gedruckt wird.

6.2.7 Zweispaltiger Satz

Um einen kompletten Text zweispaltig setzen zu lassen, ergänzen Sie die \documentclass-Anweisung mit dem **twocolumn**-Parameter:[3]

```
\documentclass[twocolumn,11pt]{report}
```

---

[3]Vgl. hierzu das **multicol**-Paket, das auf Seite 41 vorgestellt wurde.

Wenn Sie die Spalten durch eine Linie trennen lassen möchten, fügen Sie die `\columnseprule`-Anweisung in die Präambel ein. Ihr wird unmittelbar die gewünschte Breite dieser Linie angehängt. In der folgenden Zeile wird eine Linienstärke von 0,2 Millimetern festgelegt.

```
\columnseprule0.2mm
```

Der Abstand zwischen den beiden Textspalten kann mit dem `\columnsep`-Befehl variiert werden. Mit der Anweisung `\columnsep1.5cm` in der Präambel erreichen Sie einen Spaltenabstand von 15mm. Achten Sie darauf, daß die Spalten nicht zu schmal geraten. Weniger als 35 bis 40 Zeichen pro Zeile fordern dem Leser zu viele, auf die Dauer anstrengende, Augenbewegungen ab. Schmale Spalten verlangen außerdem ein häufigeres Trennen bzw. Auffüllen der Zeilen mit Leerräumen, was nicht sehr schön aussieht. Beim zweispaltigen Satz bewirken `\newpage` und `\pagebreak`, daß der nachfolgende Text am Anfang einer neuen *Spalte* ausgegeben wird. Mit den Befehlen `\clearpage` und `\cleardoublepage` wird eine neue *Seite* begonnen.

6.2.8 Rohfassungen

Der `draft`-Parameter unterstützt Sie bei der Suche nach unsauber umbrochenen Zeilen. Diese werden, wenn Sie den Parameter an `\documentclass` übergeben, durch einen kleinen Balken am Seitenrand kenntlich gemacht. Hinweise zur Lösung von Problemen beim Zeilenumbruch finden Sie in Kapitel 2.13 auf Seite 23.

6.3 Briefe

Die Dokumentenklasse `letter` ist für die Abfassung von Briefen gedacht. Die Layoutklasse wird mit dem bekannten Verfahren gewählt:

```
\documentclass[11pt]{letter}
```

Im Textteil, also nach `\begin{document}`, werden verschiedenen LaTeX-Variablen Daten zugeordnet. Z.B. muß das Programm wissen, wie Ihre Adresse (für den Briefkopf) lautet. Bei mehrzeiligen Angaben werden die Zeilen durch `\\` getrennt.

```
\address{Panzerknacker Inc.\\Holzweg 4b\\
         6500 Entenhausen 3}
```

Nun kann der eigentliche Brief abgefaßt werden. Der Text wird in einen Bereich `letter` eingegeben. Der Bereichseinleitung folgt als Parameter die Adresse des Empfängers:

```
                    |<-------------Empfaenger------------->|
\begin{letter}{Dagobert Duck\\ 6500 Entenhausen 1 \\ ...}
    ...
\end{letter}
```

In einem `letter`-Bereich ist es nicht möglich, mit Gliederungskommandos wie `\chapter` zu arbeiten.

Innerhalb des Bereiches können weitere Befehle genutzt werden, die Ihnen die Formatierung des Schreibens abnehmen. Sie müssen sich z.B. nicht darum kümmern, in welchem Abstand vom Text die Unterschriftszeile, die Grußformel etc. zu stehen hat. Statt dessen übergeben Sie diese Daten als Parameter an `\signature` und `\closing`. Den Satz nimmt Ihnen dann LaTeX ab.

Die folgende Tabelle zeigt die in der Dokumentenklasse `letter` verfügbaren Befehle.

Befehl	Parameter
`\address`	Adresse des Absenders
`\signature`	Name des Absenders
`\opening`	Anrede bzw. Begrüßungsformel
`\closing`	Grußformel
`\encl`	Liste der Anlagen
`\cc`	Kopie an
`\ps`	Postscript

Der mit `\signature` gespeicherte Name wird von LaTeX ein Stück unter der Grußformel plaziert. Das Datum fügt LaTeX selbständig unterhalb des Briefkopfes ein. Hier ein einfaches Beispiel für den Aufbau eines mit LaTeX verfaßten Briefes.

```
\documentclass[11pt]{letter}
\usepackage{german}
\begin{document}
  \address{{\bfseries Feinbein Software}\\    % Absender
          Weizenkeim-Allee\\6500 Entenhausen 3}
  \signature{Alfons E. Feinbein\\Boss}        % Unterschriftszeile
  \begin{letter}{                             % Anfang des Briefes
    Herrn A.E. Neumann\\                       % Empfaenger
    6500 Entenhausen 1\\Dagobertstr. 5}
    \opening{Sehr geehrter Herr Neumann,}     % Anrede
    vielen Dank f"ur Ihren bla bla bla,       % Text
    fabulier, bla bla ...
    \closing{Mit freundlichen Gr"u"sen}       % Grussformel
    \ps{P.S.:Die Preise verstehen sich excl. Vergn"ugungssteuer}
    \cc{D.Duck\\M.Mouse}                      % Verteiler
    \encl{1 Pflichtenheft\\1 Gummiente}       % Verz. d. Anlagen
  \end{letter}                                % Ende des Briefes
\end{document}
```

Die Befehle \encl und \cc erzeugen vor dem von Ihnen eingegebenen Text die
Ausgabe „encl:" bzw. „cc:". Die \ps-Anweisung führt zu keiner Ausgabe. Die Buchstaben „P.S." müssen Sie also selbst eingeben. Die drei genannten Befehle dürfen
erst nach der Grußformel \closing auftreten. Da „encl:" und „cc:" im Deutschen
keine üblichen Formulierungen sind, empfiehlt es sich, mehrere \ps-Anweisungen
untereinander zu setzen und für Anlagen z.B. die Form

```
\ps{Anlage: ...}
```

zu wählen. Mit \bigskip, \vspace oder \vfill können Sie diese Zeile(n) etwas
weiter vom eigentlichen Text absetzen, als das standardmäßig vorgesehen ist.

Unveränderliche Daten, wie Ihre Adresse, sollten Sie in einer separaten Datei ablegen
und mit dem \input-Befehl in das jeweilige Dokument einfügen (siehe Seite 175).
Wenn Sie den Befehl \makelabels in die Präambel aufnehmen, erzeugt LaTeX einen
Adressaufkleber.

Kapitel 7

Textgliederung und Inhaltsverzeichnis

> *In diesem Kapitel geht es zunächst um die logische Strukturierung Ihrer Texte, um die Aufteilung in Kapitel und Unterkapitel. Dann wird gezeigt, wie man diese Struktur mit einem Inhaltsverzeichnis darstellen lassen kann.*

7.1 Gliederung des Textes in Kapitel

Texte können in Kapitel (z.B. 1) und Unterkapitel (z.B. 1.1) untergliedert werden. Wenn man die (Unter-) Kapitelüberschriften für LaTeX kenntlich macht, wird die gesamte Durchnumerierung und die an die Gliederungsebene angepaßte Formatierung der Überschriften automatisch vorgenommen. Außerdem übernimmt LaTeX die (Unter-) Kapitelüberschriften automatisch in die Kopfzeile, wenn die Option `headings` beim `\pagestyle`-Befehl benutzt wird (vgl. Seite 78 ff.). Die Überschriften werden automatisch in das Inhaltsverzeichnis eingefügt, worauf noch eingegangen wird.

Überschriften werden mit Kommandos kenntlich gemacht, die die Gliederungsebene beschreiben. Z.B. definiert der Befehl

```
\chapter{Textgliederung und Inhaltsverzeichnis}
```

die Kapitelüberschrift eines Buches. Die Kapitelnummer vergibt LaTeX später selbständig. Auch wenn weitere Kapitel *vor* diesem eingefügt oder entfernt werden: Die Kapitel werden stets korrekt numeriert sein.

Gliederungsebenen

Die Ebenen der Gliederung bzw. die entsprechenden Befehle, mit der diese Ebenen kenntlich gemacht werden, zeigt Tabelle 7.1. Alle Befehle werden mit der gleichen Syntax `\Ebene{Ueberschrift}` eingegeben.

Ebene	Dokumentenklasse		
	book	report	article
\part	●	—	—
\chapter	●	●	—
\section	●	●	●
\subsection	●	●	●
\subsubsection	●	●	●
\paragraph	●	●	●
\subparagraph	●	●	●

Tabelle 7.1: Gliederungsebenen

Tabelle 7.1 zeigt, daß bei den Stilvorgaben **report** und **article** nicht alle Ebenenbezeichnungen verfügbar sind. Leslie Lamport hat dies so eingerichtet, damit sich *articles* später ohne Änderungen in *reports* und diese in *books* eingliedern lassen.

Hier eine schematische Darstellung einer solchen Gliederung. Zunächst der Eingabetext:

```
\documentclass[11pt]{book}
\usepackage{german}
\begin{document}
   \part{Name}                 % nur fuer book verfuegbar
      \chapter{Name}           % nur fuer book und report verfuegbar
         Das ist die Ebene {\ttfamily chapter}
      \section{Name}
         Das ist die Ebene {\ttfamily section}
      \subsection{Name}
         Das ist die Ebene {\ttfamily subsection}
      \subsubsection{Name}
         Das ist die Ebene {\ttfamily subsubsection}
      \paragraph{Name}
         Das ist die Ebene {\ttfamily paragraph}
      \subparagraph{Name}
         Das ist die Ebene {\ttfamily subparagraph}
   ...
```

Der **\part**-Befehl führt zur Ausgabe einer separaten Seite, auf der groß und zentriert „Teil 1" und dann in der nächsten Zeile der Name dieses Teils des Buches steht. Wenn zwischen der **\part**- und der ersten **\chapter**-Anweisung Text steht, folgt dieser auf der nächsten Seite. Andernfalls beginnt auf der nächsten Seite das erste Kapitel. Kapitel tragen die Überschrift „Kapitel 1" etc., gefolgt von einer Zeile mit dem Namen des Kapitels. LaTeX beginnt mit neuen Kapiteln grundsätzlich eine neue Seite mit einem größeren oberen Seitenrand. Die Darstellung der Überschriften unterhalb der Ebene `\part` wird hier schematisch gezeigt.

Kapitel 1

Name

Das ist die Ebene `chapter`

1.1 Name

Das ist die Ebene `section`

1.1.1 Name

Das ist die Ebene `subsection`

Name

Das ist die Ebene `subsubsection`

Name   Das ist die Ebene `paragraph`

Name   Das ist die Ebene `subparagraph`

Sie erkennen anhand des Beispiels (wie im übrigen auch an den Überschriften in diesem Buch) die Zählweise von LaTeX nach dem Muster

> Kapitel 1
> 1.1
> 1.1.1
> ...
> Kapitel 2
> 2.1
> ...

Die Benutzung von \part als Gliederungsebene von Büchern beeinflußt die Numerierung auf der Kapitelebene nicht, d.h. das erste Kapitel beginnt grundsätzlich mit
„1".

Beachten Sie, daß die Struktur Ihrer Gliederung konsistent sein muß, d.h., daß Unterkapiteln Kapitel vorausgehen *müssen* usw. Lediglich bei Büchern kann auf die
Gliederungsebene \part (s.u.) verzichtet werden.

7.2 Manipulation der Kapitelnumerierung

Kapitel und Unterkapitel werden bis zur Ebene \subsection automatisch durchnumeriert. Bei der Dokumentenklasse article wird von der Ebene \section bis
\subsubsection durchnumeriert. Die Numerierung von Unterkapiteln kann unterdrückt werden. Wenn der jeweilige Gliederungsbefehl mit einem * modifiziert wird,
wird lediglich die (Unter-) Kapitelüberschrift ausgegeben.

```
\subsection*{Name des Abschnitts} % Ausgabe ohne Kap.-Nr.
```

Mit dieser Modifikation wird zugleich verhindert, daß die jeweilige Überschrift in
das Inhaltsverzeichnis aufgenommen wird.

Es kann erwünscht sein, die Numerierung der Überschriften nur bis auf eine bestimmte Ebene fortzuführen. Bei der Dokumentenklasse book geht die Numerierung
über drei Ebenen (bis z.B. 1.1.1). Für diese Voreinstellung existiert ein Zähler mit
der Bezeichnung secnumdepth. Bei den Layouts book und report steht dieser Zähler
auf 2, beim Layout article auf 3. Hierbei steht 2 für die Ebene \subsection und
3 für die Ebene \subsubsection. Um z.B. eine weitergehende Numerierung zu erreichen, muß der Zählerstand verändert werden. Auf Seite 46 wurde bereits der
\setcounter-Befehl vorgestellt, mit dem Zählerstände manipuliert werden können.
Im unten abgedruckten Teil einer Präambel wird erreicht, daß bei der gewählten
Dokumentenklasse report bis auf die Ebene \subsubsection hinunter numeriert
wird. Hierzu wird secnumdepth auf den Wert 3 gesetzt.

```
\documentclass[11pt]{report}
\usepackage{german}
\setcounter{secnumdepth}{3}
\begin{document}
...
```

Wird hier der Wert 0 angegeben, werden nur Kapitel numeriert, aber keine der
tieferen Gliederungsebenen.

Wenn Sie ein Dokument aus mehreren Einzeltexten zusammensetzen, ohne die
\include- oder \input-Anweisung[1] zu verwenden, kann es notwendig werden, die

---

[1]Diese Befehle werden in Kapitel 16 besprochen.

Anfangsnummer eines Kapitels oder Unterkapitels zu verändern. Dafür muß wieder ein interner Zähler mit `\setcounter` verändert werden. Dieser Zähler trägt den Namen der jeweiligen Gliederungsebene. Wenn Sie erreichen wollen, daß das erste Kapitel des Textes (also die Gliederungsebene `\chapter`) nicht die Nummer 1 sondern die Nummer 4 trägt, fügen Sie folgende Anweisung in die Präambel ein:

```
\setcounter{chapter}{3}
```

Damit wird der interne Zähler `chapter` auf den Stand 3 gesetzt. Der erste Aufruf von `\chapter` führt dann dazu, daß der Wert des Zählers `chapter` hochgezählt wird. LaTeX gibt daher die Kapitelnummer 4 aus.

7.3 Titelseite und Abstract

7.3.1 Die Titelseite

LaTeX nimmt Ihnen auf Wunsch auch die Gestaltung der Titelseite ab. Eine Titelseite besteht aus den Komponenten Titel, Autorennamen, Datum und Anmerkungen zu einer der ersten beiden Komponenten.

LaTeX plaziert die Angaben, bei den Stiloptionen `book` und `report`, zentriert auf einer einzelnen Seite ohne Seitenzahl. Die erste nachfolgende Textseite trägt die Nummer eins. Beim Dokumentenstil `article` werden Titel usw. am Kopf der ersten Seiten ausgedruckt.

Um auch beim Dokumentenstil `article` eine eigene Titelseite zu reservieren, müssen Sie den Parameter `titlepage` in die eckige Parameterklammer der `\documentclass`-Anweisung aufnehmen. Der Parameter `notitlepage` verhindert bei den Dokumentenklassen `report` und `book`, daß die Titelangaben auf eine einzelne Textseite gesetzt werden.

Der Titel eines Dokumentes wird LaTeX mit dem `\title`-Befehl bekanntgegeben. Diesem Kommando wird der Titel als Parameter übergeben. Autorennamen werden dem Kommando `\author` übergeben. Hier ein Beispiel für eine einfache Titelseite, deren *Ausdruck* mit dem Befehl `\maketitle` bewirkt wird.

```
\documentclass[11pt]{report}        % eine kurze Praeambel
\usepackage{german}
\begin{document}                    % der Beginn des Textes
   \title{C++ Programmierung}       % Titel der Publikation
   \author{A.E. Neumann}            % und der Name des Autors
   \maketitle                       % die Druckanweisung
   ...                              % hier beginnt der Text
```

LaTeX setzt automatisch das Systemdatum ein, es sei denn, Sie fügen mit einer `\date`-Anweisung einen eigenen Text ein. Im folgenden Beispiel wurde diese Möglichkeit für eine Verlags- und Copyright-Angabe genutzt.

```
\documentclass[titlepage,11pt]{report}
\usepackage{german}
\begin{document}
\title{C++ f"ur Anf"anger}
\author{A.E. Neumann\\Entenhausen}
\date{Edition Schlabotnik\\\copyright 1993}
\maketitle

...
```

Wenn der Autorenname sehr lang ist oder mit Titeln, Firmennamen etc. komplettiert werden soll, kann man, wie das obige Beispiel zeigt, mit \\ einen Zeilenumbruch an der gewünschten Stelle einfügen. Die Angaben werden dann zentriert untereinandergesetzt.

Wenn mehrere Autoren zu nennen sind, werden deren Namen durch die \and-Anweisung getrennt:

```
...
\begin{document}
\title{C++ f"ur Fortgeschrittene}
\author{A.E. Neumann\\Entenhausen \and A. Feinbein\\Mainz}
\date{Edition Schlabotnik\\\copyright 1994}
...
```

Um Anmerkungen anzufügen, benutzen Sie die \thanks-Anweisung, der der Anmerkungstext als Parameter übergeben wird:

```
...
\begin{document}
\title{C++ f"ur Besessene}
\author{A.E. Neumann
  \thanks{Vorsitzender des int. C-Komitees}
}
\date{Edition Schlabotnik\\\copyright 1995}
\maketitle

...
```

Die Anmerkung wurde in diesem Beispiel dem Autorennamen zugeordnet. Sie wird, ähnlich wie eine Fußnote, am unteren Seitenrand ausgedruckt.

7.3.2   Selbstgestaltete Titelseiten

Wenn Ihnen die Gestaltung der Titelseite durch LaTeX nicht zusagt, können Sie Ihre eigene entwerfen. Definieren Sie hierfür einen Bereich `titlepage` mit Ihrer Titelseite. Diese Seite wird automatisch ausgedruckt, eine zusätzliche `\maketitle`-Anweisung ist nicht notwendig. Der folgende Textauszug zeigt ein Beispiel.

```
\documentclass[11pt]{report}
\usepackage{german}
\begin{document}
\begin{titlepage}                    % Definition der Titelseite
  \begin{flushright}                 % rechtsbuendige Ausgabe
      {\LARGE\bfseries C - Praxis}    % grosse Schrift f. d. Titel
      \vspace{4cm}                   % etwas Abstand

      Tips \& Tricks                  % Untertitel
      \vspace{1cm}

      von
      \vspace{1cm}

      A.E. Feinbein                   % Autorenname
  \end{flushright}                   % Ende d. rechtsb. Ausgabe
\end{titlepage}                      % Ende der Titelseitendef.
...                                  % hier beginnt der Text
```

7.3.3 Der Abstract

Wenn Sie die Dokumentenstile `report` oder `article` benutzen, können Sie dem
Titel einen Abstract folgen lassen. Definieren Sie dafür, wie im folgenden Beispiel,
einen eigenen Bereich `abstract`, in den der Text eingefügt wird. Das **\maketitle**-
Kommando löst auch den Ausdruck des Abstracts aus. LaTeX versieht diesen kurzen
Text mit der Überschrift „Zusammenfassung".

```
...
\begin{document}

\title{...}
\author{...}

\begin{abstract}
  Dies ist ein Abstract. Er fa"st die wesentlichen Punkte des
  Dokumentes f"ur eilige oder faule Leser knapp zusammen.
  ...
\end{abstract}

\maketitle          % Druck ausloesen
...
```

7.4 Inhaltsverzeichnisse

Die Kapitelüberschriften können von LaTeX in ein Inhaltsverzeichnis übernommen
werden. Um das Inhaltsverzeichnis ausgeben zu lassen, ist der **\tableofcontents**-

Befehl im Textteil zu plazieren.

```
\documentclass[11pt]{report}
\usepackage{german}
\begin{document}        % Ende der Praeambel
\tableofcontents        % gebe Inhaltsverzeichnis aus
\chapter{...

   ...
```

Wenn Sie das Dokument von TeX aufbereiten und dann drucken lassen, erhalten Sie
zuerst eine Seite, auf der sehr groß „Inhaltsverzeichnis" steht – und sonst nichts. Das
liegt daran, daß TeX den Text zweimal „lesen" muß, um derartige Verzeichnisse anlegen zu können. Wenn ein Text gelesen wird, dem ein Inhaltsverzeichnis vorangestellt
werden soll, wird eine Hilfsdatei mit der Extension `.toc` angelegt. In dieser Datei
wird für jede (Unter-) Kapitelüberschrift die dazugehörige Seitenzahl vermerkt. Erst
beim zweiten Lesen der Textdatei kann LaTeX dann diese Hilfsdatei interpretieren
und daraus ein vollständiges Inhaltsverzeichnis erstellen. Beachten Sie das auch beim
endgültigen Ausdruck Ihres Textes: Um nach Veränderungen und größeren Korrek-
turen ein *aktuelles* Inhaltsverzeichnis zu erhalten, muß TeX die Textdatei *zwei*mal
lesen. Wie das Inhaltsverzeichnis gesetzt wird, sehen Sie am Anfang des Buches.

Der Befehl `\tableofcontents` bewirkt den Ausdruck des Inhaltsverzeichnisses auch
dann, wenn er nicht direkt am Textbeginn auftaucht. Das kann man sich zunutze
machen, wenn man das Verzeichnis z.B. einem Vorwort folgen lassen möchte. Der
Eingabetext sieht dann, schematisch dargestellt, wie folgt aus:

```
   .
   .                    % Praeambel
   .
\begin{document}
   .
   .                    % Vorwort
   .
\tableofcontents        % Inhaltsverzeichnis
   .
   .                    % Text
   .
```

Wenn das Inhaltsverzeichnis mit einer Seitennumerierung zu versehen ist, deren
Format von dem des übrigen Textes abweicht (wie manche Verlage das fordern), benutzen Sie den **\pagenumbering**-Befehl (vgl. Seite 45). Es folgt ein Beispiel, bei dem
das Inhaltsverzeichnis mit kleinen, römischen und die übrigen Seiten mit arabischen
Seitenzahlen ausgegeben werden. Bei Büchern wird Ihnen dies von den in Kapitel
7.6 vorgestellten Befehlen abgenommen.

```
\documentclass[11pt]{report}        % Praeambel
\usepackage{german}
\begin{document}                    % Textanfang
\pagenumbering{roman}               % kleine roemische Zahlen fuer
\tableofcontents                    % das Inhaltsverzeichnis
\chapter{Einleitung}                % Beginn erstes Kapitel
\pagenumbering{arabic}              % ab hier arabische Zahlen
...                                 % verwenden
```

Wieviele Gliederungsebenen im Inhaltsverzeichnis auftauchen sollen, legen Sie wiederum mit dem `\setcounter`-Befehl fest. Die LaTeX-Variable, die Sie zu verändern haben, heißt `tocdepth`. Hier gilt das weiter oben zum Zähler `secnumdepth` gesagte. Es folgt eine Tabelle mit den Gliederungsebenen und den dazugehörigen Werten für `secnumdepth` und `tocdepth`.

Ebene	Zähler	
	secnumdepth	tocdepth
`\section`	1	1
`\subsection`	2	2
`\subsubsection`	3	3

Um beispielsweise bei der Dokumentenklasse **report** bis auf die Ebene `\subsubsection` hinunter zählen zu lassen und Überschriften auch bis hinunter zu dieser Ebene ins Inhaltsverzeichnis aufnehmen zu lassen, sind die beiden folgenden Anweisungen in die Präambel aufzunehmen:

```
\setcounter{secnumdepth}{3} % bis Ebene subsubsection zaehlen
\setcounter{tocdepth}{3}    % Ueberschriften bis Ebene subsubsection
                            % ins Inhaltsverzeichnis aufnehmen
```

7.5 Der Anhang

Mit dem `\appendix`-Kommando teilen Sie LaTeX mit, daß der folgende Text nicht mehr zu dem eigentlichen Gliederungssystem, sondern zum Anhang gehört. Der einzige Unterschied zur übrigen Gliederung ist, daß die (Unter-) Kapitel des Anhangs, deren Überschriften Sie wie die anderen (Unter-) Kapitel mit `\chapter`, `\section` usw. kenntlich machen, nun nach folgenden Muster duchnumeriert werden:

```
Anhang A
A.1
A.1.1
...
Anhang B
...
```

Befehl	Plazierung	Funktion
`\frontmatter`	Vorwort	Unterdrückt Kapitelnummern, generiert aber Einträge im Inhaltsverzeichnis; Seitennumerierung mit kleinen römischen Ziffern
`\mainmatter`	Hauptteil	Standardgestaltung
`\backmatter`	Anhang	Unterdrückt Kapitelnummern, generiert aber Einträge im Inhaltsverzeichnis; Seitennumerierung mit kleinen römischen Ziffern

Tabelle 7.2: Formatierungshilfen für Bücher

7.6 Formatierungshilfen für Bücher

Die Dokumentenklasse **book** hält drei Befehle bereit, die die Gestaltung von Büchern vereinfachen. Sie sollten den jeweiligen Teil des Buches einleiten. Die Befehle werden in Tabelle 7.2 vorgestellt.

Kapitel 8

Seitenverweise

> *In diesem Kapitel geht es um verschiedene Formen von Seitenverweisen: um Querverweise, Stichwortverzeichnisse und Glossare. Querverweise sind Verweise auf andere Textstellen (z.B. „siehe S.13"). Verweise auf andere Strukturen (wie Grafiken oder Formeln) werden in späteren Kapiteln vorgeführt. Stichwortverzeichnisse sind sortierte Schlüsselwortverzeichnisse mit Seitenverweisen. Ein Glossar ist ein Verzeichnis von Schlüsselbegriffen des Textes mit kurzen Erklärungen und Seitenverweisen.*

8.1   Querverweise

Querverweise bestehen aus zwei Komponenten, der Markierung einer Textstelle und dem Verweis auf diese Stelle. Zum Markieren benutzen Sie den \label Befehl. Als Parameter wird ein von Ihnen gewählter Name der Textmarke übergeben. Betrachten Sie hierzu das Beispiel.

```
...
Der {\ttfamily input}-Befehl\label{inputBefehl} bewirkt,
da"s \LaTeX\ den Inhalt der Datei mit dem als Parameter
"ubergebenen Namen an dieser Stelle in den Text einf"ugt.
\LaTeX\ f"ugt dem Dateinamen selbst"andig die Extension
...
```

Beachten Sie, daß LaTeX auch bei der Verarbeitung dieser Textmarken (sog. *labels*) zwischen Groß- und Kleinschreibung unterscheidet.

8.1.1   Verweise auf Seitenzahlen

Um sich an anderer Stelle auf diese Textmarke beziehen zu können, benutzen Sie das \pageref-Kommando, dem der Name der Marke übergeben wird. LaTeX wird

dann an dieser Stelle die korrekte Seitenzahl eintragen. Beim folgenden Eingabetext
wird LaTeX eine Ausgabe von „... (der auf Seite 97 erläutert wird) ...“ produzieren.

```
...
Um die Textpassage einzuf"ugen benutzen Sie entweder den {\ttfamily
input}-Befehl (der auf Seite \pageref{inputBefehl} erl"autert
wird) oder Sie...
...
```

LaTeX legt, um solche Verweise korrekt verwalten zu können, eine Hilfsdatei mit der
Endung.aux an. Um diese Datei nutzen zu können, muß der Text zunächst *zweimal*
von TeX aufbereitet werden. Vergewissern Sie sich vor dem endgültigen Ausdruck,
daß die Hilfsdatei nach etwaigen Textänderungen auf dem aktuellen Stand ist, indem Sie die Textdatei wiederum *zweimal* übersetzen lassen. Wenn ein Bezug nicht
aufgelöst werden kann, erscheint im Text statt einer Seitenzahl oder Kapitelnummer
ein „[?]“.

8.1.2 Verweise auf Kapitelnummern

Sie können außer auf Seitenzahlen auch auf Kapitelnummern, Tabellen, Bilder, Formeln, Aufzählungen etc. verweisen. Die Textmarke muß dann innerhalb des jeweiligen Bereiches stehen. Um auf die entsprechende Stelle verweisen zu können, benutzen
Sie den \ref-Befehl. Einzelheiten hierzu kommen zur Sprache, wenn es um Tabellen
usw. geht. Hier soll nur gezeigt werden, wie man auf (Unter-) Kapitel verweisen
kann.

Der \ref-Befehl stellt einen Bezug zu einem Zählerstand an der Position einer bestimmten Textmarke her. Das folgende Beispiel soll das veranschaulichen:

```
...
\section{Programmbeschreibung}          % Kapitel 1.1
\label{PrgBeschreibung}                 % Die Textmarke
Dieses Programm ...
        .

        .

        .
\section{Installation}                  % ein spaeteres Kapitel
Die Installation der Software...
... siehe hierzu die in Kapitel \ref{PrgBeschreibung}
aufgef"uhrten Systemvoraussetzungen.
...
```

Im ausgedruckten Text finden Sie dann einen Verweis auf die Kapitelnummer:
„...siehe hierzu die in Kapitel 1.1 aufgeführten ...“

8.1.3 Verweise auf Thesen

Um sich im Text auf Thesen (siehe Seite 34) beziehen zu können, fügen Sie eine Textmarke in den Thesenbereich ein. Es folgt ein Beispiel, das in der vorletzten Zeile zeigt, wie der Bezug im Text herzustellen ist.

```
\newtheorem{th}{These}       % Definition des Bereiches
...
\begin{th}[A.E.Neumann]      % eine These
\label{Neumann}              % Textmarke
  Thesen m"ussen unbedingt auffallen.
\end{these}
...
Wie in These \ref{Neumann} auf Seite \pageref{Neumann}
formuliert ...
```

8.1.4 Verweise auf externe Dateien

Das xr-Paket von David Carlisle erlaubt Referenzen auf Texte, die nicht zum eigentlichen Dokument gehören. Sinnvoll ist das, wenn zum Beispiel im Team gearbeitet wird und Querverweise auf Ergebnisse der Kollegen notwendig werden. Mit dem Kommando \externaldocument, das in der Präambel unterzubringen ist, ermöglichen Sie Referenzen auf andere Dateien:

```
\usepackage{xr}          % Paket laden
\externaldocument{ref} % Datei ref.tex einbeziehen
```

Ist dort ein Label label1 definiert, ist ein Verweis dieser Art möglich:

```
siehe hierzu die Tabelle auf Seite \pageref{label1}
in ... von ...
```

In dem Moment, in dem beide Autoren gleichnamige Textmarken definiert haben, gibt es natürlich Probleme. Deswegen können Sie einen Präfix deklarieren, der den Textmarken des anderen Dokumentes automatisch vorangestellt wird, so daß eine eindeutige Zuordnung möglich wird:

```
\usepackage{xr}
\externaldocument[Michaela-]{ref} % Praefix
```

Ein Verweis sieht nun so aus:

```
siehe hierzu die Tabelle auf Seite \pageref{Michaela-label1}
in ... von ...
```

8.1.5   Verweise mit Textbausteinen

Das `varioref`-Paket von Frank Mittelbach erleichtert Querverweise mit den Befehlen `\vpageref` und `\vref`. Das Paket ist mit der Option **german** zu laden:

```
\usepackage[german]{varioref}
```

Während die LaTeX-Standardbefehle Seitenzahlen oder Objektnummern[1] einfügen, setzen diese Befehle Textbausteine wie „auf der nächsten Seite" oder „auf der vorherigen Seite" ein. Liegt die Textmarke außerhalb dieser Bereiche, wird „auf Seite n" eingefügt. Angenommen, Textmarke und Querverweis liegen auf zwei aufeinanderfolgenden Seiten, dann führt `vgl. die Angaben \vref{s1}` zu „vgl. die Angaben auf der vorherigen Seite". Liegen mehrere Seiten dazwischen, wird zunächst die Kapitel- oder Objektnummer und dann die Seitenzahl ausgegeben, etwa: „2.1 auf Seite 12". Die folgende Aufstellung zeigt, welche Ausgaben Sie erhalten, wenn Sie sich mit

```
... siehe Tabelle \vref{tab1} ...
```

auf eine Tabelle mit der Nummer 1.1 beziehen, die auf Seite 10 liegt:

Referenz auf Seite	Ausgabe
9	siehe Tabelle 1.1 auf der nächsten Seite
10	siehe Tabelle 1.1
11	siehe Tabelle 1.1 auf der vorherigen Seite
12	siehe Tabelle 1.1 auf Seite 10

`\vpageref` arbeitet mit der gleichen Logik, gibt aber keine Kapitel- oder Objektnummern aus. Wenn Sie sich mit

```
... vgl. die Tabelle \vpageref{tab1} ...
```

auf die erwähnte Tabelle beziehen, erhalten Sie eine der folgenden Ausgaben

Referenz auf Seite	Ausgabe
9	vgl. die Tabelle auf der nächsten Seite
10	vgl. die Tabelle auf dieser Seite
11	vgl. die Tabelle auf der vorherigen Seite
12	vgl. die Tabelle auf Seite 10

Wenn Sie doppelseitig drucken, ist es sinnvoll, sich ggf. auf „linke" oder „rechte" anstatt auf „vorherige" oder „nächste" Seiten zu beziehen. Dafür müssen Sie zwei Variablen des Paketes mit Text belegen.

---

[1] Also die Nummern von Kapiteln, Tabellen oder Bildern – je nach dem, wo sich die Markierung befindet.

```
\renewcommand{\reftextfaceafter}{auf der rechten Seite}
\renewcommand{\reftextfacebefore}{auf der linken Seite}
```

Wenn man sich auf eine Grafik bezieht, die im Text wahrscheinlich am Beginn der gleichen Seite liegt, ist ein Ausdruck wie „ ...dies zeigt die Grafik auf dieser Seite ..." weniger schön. Geeigneter wäre „ ...dies zeigt die obige Grafik ...". **\vpageref** kennt zwei optionale Parameter, die das ermöglichen.

```
... zeigt die \vpageref[obige Grafik][Grafik ]{tab1} ...
```

führt, je nachdem wo Referenz und Marke liegen, zu einer der folgenden Verweise
„ ... zeigt die obige Grafik ... "
„ ... zeigt die Grafik auf der nächsten Seite ... "
„ ... zeigt die Grafik auf der vorherigen Seite ... "
„ ... zeigt die Grafik auf Seite 22 ... "

8.2 Stichwortverzeichnisse

LaTeX unterstützt die Erstellung von Stichwortverzeichnissen. Das Programm **MakeIndex** von Pehong Chen sortiert diese Verzeichnisse und bereitet sie für den Ausdruck mit LaTeX vor.

Einträge markieren

Um ein Stichwortverzeichnis erstellen zu können, muß LaTeX zunächst einmal wissen, *was* das Verzeichnis enthalten soll. Diese Hinweise geben Sie mit dem **\index**-Befehl. Dem Befehl wird als Parameter das Schlüsselwort übergeben.

```
...
Um ein Stichwortverzeichnis
\index{Stichwortverzeichnis}\index{Index}
erstellen zu k"onnen, mu"s \LaTeX\ zun"achst
einmal wissen, \emph{was} es enthalten soll.
...
```

Hier wurden dem Wort „Stichwortverzeichnis" zwei Indexeinträge zugeordnet („Stichwortverzeichnis" und „Index"). Sie sollten die **\index**-Anweisung, wie das oben demonstriert wurde, stets in eigenen Zeilen unterbringen, um unerwünschte Leerstellen im Text zu vermeiden. Wenn Sie ein bestimmtes Wort mehrfach in den Index aufnehmen, erscheint es dort trotzdem nur einmal. Ein Eintrag **\index{Lamport}** auf Seite 5 und Seite 25, wird später im Stichwortverzeichnis als

```
Lamport 5,25
```

erscheinen. Wenn Sie ein wichtiges Wort sehr häufig in Ihrem Text als Indexeintrag markiert haben, wird die Angelegenheit für den Leser allerdings schnell unübersichtlich. Ein Indexeintrag wie

> Formeln 3, 22, 53, 66, 77 ,92,
> 104, 155, 166 ...

ist alles andere als informativ. Es empfiehlt sich deswegen, mit Untereinträgen zu arbeiten:

> Formeln 3, 66
> Klammern in 155
> mehrzeilige 22, 53
>
> ...

Damit solche Untereinträge erzeugt werden können, müßen Sie bei der Verwendung des `\index`-Befehls, Ober- und Unterbegriff getrennt durch das Zeichen ! eingeben:

```
\index{Formeln!mehrzeilige}
```

Einem Eintrag können Untereinträge auf maximal zwei tieferen Ebenen zugeordnet werden. `\index{Formeln!Klammern in!geschweifte}` würde einen Eintrag

> Formeln 3, 66
> Klammern in 155
> eckige 168
> geschweifte 168
>
> ...

ergeben. Um sich innerhalb des Stichwortverzeichnisses auf andere Einträge beziehen zu können, ist im `\index`-Kommando eine **see**-Anweisung anzufügen:

```
\index{Formeln!Schriften|see{Zeichenformatierung}}
```

Der korrespondierende Eintrag sieht folgendermaßen aus:

> Formeln 3, 66
> Klammern in 155
>
> ...
>
> Schriften *siehe* Zeichenformatierung
>
> ...

Wenn Sie einem Eintrag eine Folge von mehreren Seiten zuordnen möchten, ist die erste und die letzte Seite auf der er auftaucht, mit folgender Syntax zu markieren.

```
\index{Formeln|(}  % auf der ersten Seite
...

...
\index{Formeln|)}  % auf der letzten Seite
```

Im Stichwortverzeichnis erhalten Sie einen Eintrag „Formeln 66–68". Sollten Sie Ihren Text später so verändern, daß beide Einträge im Bereich einer Druckseite liegen, wird im Index auch nur eine einzelne Seitenzahl erscheinen („Formeln 66–66" ist also nicht möglich).

Sollte ein Eintrag mehrere Seitenangaben aufweisen, kann es sinnvoll sein, die Seite hervorzuheben, auf der ein nachschlagender Leser den Einsteig ins Thema findet:

Formeln 3, **66**, 88 ,99

Der **\index**-Befehl in Ihrem Quelltext sollte dann folgendermaßen aussehen:

```
\index{Formeln|textbf}
```

Sie können hier jeden **\text...**-Befehl zur Zeichenformatierung (vgl. Seite 27) einsetzen; beachten Sie aber, daß der voranstehende *backslash* wegzulassen ist.

Kniffliger wird die Angelegenheit, wenn Sie den eigentlichen Eintrag in einer anderen Schrift setzen möchten, um ihn hervorzuheben. Ein **\index-Befehl** würde demnach so ausschauen: **\index{\textbf{Sortierung}}**. Das Problem ist nun, daß ein solcher Eintrag eben nicht wie „Sortierung" sortiert wird, sondern tatsächlich wie „**\textbf{Sortierung}**". In solchen Fällen muß explizit angegeben werden, wie der Eintrag bei der Sortierung zu berücksichtigen ist. Die folgende Zeile zeigt, wie:

```
\index{Sortierung@\textbf{Sortierung}}
```

Wenn Sie in Ihrem Stichwortverzeichnis Seitenbereiche in dieser Form ausgeben möchten

Formeln 3ff.
Sortierung 44f.

sollten Sie die folgenden Makros in Ihrer Prämbel unterbringen

```
\newcommand{\ffc}[1]{#1ff.}  % Ausgabe von ff.
\newcommand{\fc}[1]{#1f.}    % Ausgabe von f.
```

Mit **\index{Formeln|ffc}** bzw. **\index{Sortierung|fc}** erhalten Sie dann die oben gezeigte Ausgabe.

Das Stichwortverzeichnis erzeugen lassen

Nachdem alle Einträge markiert sind, gehen Sie folgendermaßen vor:

▷ Laden Sie in der Präambel das `makeidx`-Paket von Leslie Lamport.

▷ Nehmen Sie den Befehl `\makeindex` in die Präambel auf. Beim nächsten Durchlauf des Textes wird LaTeX eine Datei mit dem gleichen Namen und der Endung `.idx` anlegen, die das unsortierte Stichwortverzeichnis enthält.

▷ Fügen Sie den `\printindex`-Befehl dort ein, wo das Stichwortverzeichnis später ausgedruckt werden soll.

▷ Die Struktur Ihres Textes müßte nun folgendermaßen aussehen:

```
\documentclass ...        %% die Praeambel
\usepackage{german}       % deutsche Sprachanpassung
\usepackage{makeidx}      % das makeidx-Paket laden
\makeindex                % Index erzeugen lassen
    ...                   % ggf. weitere Befehle
\begin{document}          %% der Textbereich
    ...                   %
    ...                   %
    \printindex           % an dieser Stelle soll
                          % der Index palziert werden
\end{document}            %% Textende
```

▷ Nachdem Sie den Text editiert haben, lassen Sie Ihn von LaTeX bearbeiten.

▷ Starten Sie jetzt das `MakeIndex`-Programm und übergeben Sie ihm den Namen Ihrer Textdatei.[2] `MakeIndex` erzeugt eine Datei `textname.ind`, die das sortierte und für LaTeXvorbereitete Stichwortverzeichnis enthält.

▷ Lassen Sie LaTeX Ihren Text nun *noch einmal* bearbeiten, damit die Verzeichnisdatei in den Text eingefügt wird.

▷ Betrachten Sie sich dann das Ergebnis Ihrer Arbeit mit dem *previewer*.

Feinarbeit

Perfekt ist das Ergebnis allerdings noch nicht: Einträge mit Umlauten fehlen, und zwischen Stichwörtern und Seitenzahlen steht jeweils ein Komma, was nicht besonders gut aussieht. Um dies ändern zu können, muß man sich etwas näher mit dem

---

[2]Die DOS-Version des Programmes wird mit `makeindx textname` aufgerufen. Es ist möglich, daß die Software auf Ihrem System mit einem anderen Aufruf gestartet wird.

Stichwortprozessor beschäftigen. Wie oben gezeigt wurde, hat z.B. das |-Zeichen in den \index-Befehlen eine bestimmte Bedeutung. Trotzdem sollte es möglich sein, dieses Zeichen in einem Index auszugeben. Deshalb kann seine Bedeutung aufgehoben werden, indem ihm ein " als sog. *Escape*-Symbol vorangestellt wird. Wenn nun ein Wort mit deutschen Umlauten – die durch eben dieses Symbol kenntlich gemacht werden – in einem Index-Eintrag erscheint, gibt es Probleme. Deswegen müssen deutsche Anwender eine Konfigurationsdatei für MakeIndex anlegen, die das " gegen ein anderes *Escape*-Symbol ersetzt. In der Konfigurationsdatei wird eine Variable quote neu belegt (hier mit der Tilde). Legen Sie dafür die folgende Datei an, die Sie z.B. makeindx.cfg nennen können.

```
% MakeIndex-Konfigurationsdatei
%    makeindx.cfg
%-------------------------------
quote '~'
```

Wenn Sie MakeIndex und LaTeX nun folgendermaßen aufrufen, um den Text datei erneut zu bearbeiten

```
makeindx -g -s makeindx.cfg datei
latex datei
```

werden Sie ein korrekt sortiertes Stichwortverzeichnis mit deutschen Umlauten erhalten. Der Parameter -g weist das Programm an, nach dem deutschen Standard zu sortieren. -s bewirkt, daß die Konfigurationsdatei mit dem nachfolgenden Namen eingelesen wird.

Standardmäßig trennt das Programm Eintrag und Seitenzahl durch ein Komma. Intern sind dafür die Variablen delim_x (für die jeweilige Einrückungsebene) zuständig, die Sie in der Konfigurationsdatei einfach durch Leerzeichen ersetzen können:

```
% MakeIndex-Konfigurationsdatei
%    makeindx.cfg
%-------------------------------
quote '~'
delim_0 " "
delim_1 " "
delim_2 " "
```

Sie können diesen Variablen auch LaTeX-Kommandos zuweisen, so würde

```
delim_0 "\\hfill"
delim_1 "\\hfill"
delim_2 "\\hfill"
```

eine rechtsbündige Ausgabe der Seitenzahlen bewirken. Wenn die Variable
`headings_flag` mit 1 belegt wird, wird jedem Abschnitt der jeweilige Anfangs-
buchstabe vorangestellt. Der Variablen `heading_prefix` kann eine Zeichenkette zugewiesen werden, die von dem Programm einem solchen *header* vorangestellt wird.
`heading_suffix` kann eine Zeichenkette zugewiesen werden, die dem *header* nachgestellt wird. Damit sind alle Möglichkeiten geschaffen, um diesen Buchstaben in
einer großen und fetten Schrift auszugeben und dem Leser so die Orientierung zu
erleichtern. Die folgenden Einträge

```
headings_flag 1
heading_prefix "\\textbf{\\LARGE "
heading_suffix "}"
```

sorgen dafür, daß ein Sektionsbeginn folgendermaßen augedruckt wird

F

Formeln 3, **66**, 88 ,99

`MakeIndex` ist ein sehr leistungsfähiger Stichwortprozessor, der zahlreiche Konfigurationsoptionen kennt. Die Software ist in der Datei `makeindx.doc` dokumentiert,
die sich auf Ihrem System befinden wird.

8.3   Glossare

Eine Liste mit Einträgen für ein Glossar wird praktisch genauso erzeugt wie ein
Stichwortverzeichnis. Die Einträge werden mit dem Befehlswort `\glossary` kenntlich gemacht. Die Liste wird in einer Datei mit dem gleichem Namen wie die Textdatei und der Endung `.glo` abgelegt, sobald das Kommando `\makeglossary` in die
Präambel aufgenommen wird. Die Datei enthält die Einträge im folgenden Format:

```
...
\glossaryentry{Glossar}{104}
\glossaryentry{Index}{101}
...
```

Formatierungshilfen gibt es für das Glossar nicht.

Kapitel 9

Kopf- und Fußzeilen

In diesem Kapitel wird gezeigt, wie sich Kopf- und Fußzeilen definieren und gestalten lassen.

Wenn Sie die Dokumentenklasse `article` oder `report` verwenden, setzt LaTeX von sich aus die Seitenzahl zentriert in die Fußzeile und verzichtet auf eine Kopfzeile. Bei der Klasse `book` wird die Seitenzahl rechts- bzw. linksbündig in die Kopfzeile gesetzt, die Fußzeile bleibt (außer am Kapitelanfang) leer.[1]

Wenn Sie an dieser Voreinstellung etwas ändern möchten, müssen Sie den `\pagestyle`-Befehl benutzen. Dieser Befehl wird in der Präambel plaziert; ihm muß einer der Parameter `plain`, `empty`, `headings` oder `myheadings` übergeben werden. Auf die Bedeutung der Parameter wird im folgenden eingegangen.

Um die Ausgabe von Kopf- oder Fußzeilen völlig zu unterbinden, übergeben Sie `\pagestyle` den Parameter `empty`. Das Dokument mit der folgenden Präambel wird ohne Seitenzahlen ausgedruckt.

```
\documentclass{report}
\usepackage[german]
\pagestyle{empty}
\begin{document}
    ...
```

Die Voreinstellung für die Dokumentenklassen `article` und `report` ist `\pagestyle{plain}`. Voreinstellung bedeutet, daß Sie diesen Befehl nicht explizit zu geben brauchen. Wenn Sie auch in der Dokumentenklasse `book` die Seitenzahl zentriert in der Fußzeile stehen haben möchten, müssen Sie das Kommando `\pagestyle{plain}` in die Präambel einfügen.

---

[1]Lesen Sie hierzu bitte auch Kapitel 7.6.

9.1 Kopfzeilen

Kopfzeilen können frei definiert oder aber von LaTeX automatisch erzeugt werden.
Lesen Sie hier zunächst, wie man Kopfzeilen automatisch drucken läßt.

Kopfzeilen sollen dem Leser die Bewegung im Text erleichtern. Deshalb ist es üblich,
dort die jeweilige Kapitel- bzw. Unterkapitelüberschrift mitführen zu lassen. Fach-
leute bezeichnen das als „lebende Kolumnentitel". Diese richten Sie mit dem Befehl
`\pagestyle{headings}` ein.

Der Inhalt der Kopfzeilen hängt davon ab, ob Sie ein- oder doppelseitig drucken und
welche Dokumentenklasse Sie verwenden.

> ▷ Wenn Sie **doppelseitig** drucken:

  - Wenn Sie mit der Dokumentenklasse `book` oder `report` arbeiten, setzt
    LaTeX auf die (linken) Seiten mit den geraden Seitenzahlen den Namen
    des aktuellen Kapitels, den Sie mit dem letzten `\chapter`-Befehl festge-
    legt haben. Auf die (rechten) Seiten mit den ungeraden Seitenzahlen wird
    der Name des aktuellen Unterkapitels gesetzt, den Sie mit dem letzten
    `\section`-Kommando festgelegt haben.

  - Wenn Sie mit der Dokumentenklasse `article` arbeiten, wird auf den
    geraden Seiten die Kapitelüberschrift gedruckt, die Sie mit dem letz-
    ten `\section`-Befehl festgelegt haben. Auf den rechten, ungeraden Sei-
    ten steht dann der Name des Unterkapitels, den Sie mit dem letzten
    `\subsection`-Befehl festgelegt haben.

> ▷ Wenn Sie **einseitig** drucken:

  - Wenn Sie mit der Dokumentenklasse `report` arbeiten, setzt LaTeX hier die
    Kapitelüberschrift ein, die Sie mit dem letzten `\chapter`-Befehl vergeben
    haben.

  - Wenn Sie mit der Dokumentenklasse `article` arbeiten, setzt LaTeX hier
    die Kapitelüberschrift ein, die Sie mit dem letzten `\section`-Befehl ver-
    einbart haben.

KAPITEL 1. PROGRAMMDOKUMENTATION   2

Diese Kopfzeile erhalten Sie beispielsweise mit folgender Präambel

```
\documentclass{report}
\usepackage{german}
\pagestyle{headings}
\begin{document}
  \chapter{Programmdokumentation}
  ...
```

```
\documentclass{book}
\usepackage{german}
\pagestyle{headings}
\begin{document}
  \chapter{Keksproduktion in Europa}
  \section{Luxemburg}
  ...
```

Die obigen Anweisungen bewirken die Ausgabe der folgende Kopfzeilen auf den
geraden Seiten

2   *KAPITEL 1. KEKSPRODUKTION IN EUROPA*

und diese auf den ungeraden

1.1. LUXEMBURG   3

Wie Sie sehen, wird die Kapitelüberschrift in Großbuchstaben umgewandelt. Der
Kopfzeileninhalt wird in der Schriftart *slanted* ausgedruckt. Wenn auf einer Seite zwei Kapitelüberschriften auftauchen, wird auf dieser Seite die erste der beiden
Überschriften für die Kopfzeile verwendet. Sonst wird stets die letzte Überschrift
übernommen. Die erste Seite eines Textes wird ohne Kopfzeile ausgedruckt.[2]

9.2 Selbstdefinierte Kopfzeilen

Wenn Sie in die Präambel das Kommando \pagestyle{myheadings} aufnehmen,
können Sie die Kopfzeilen selbst definieren und gestalten. Um LaTeX den Inhalt der
Kopfzeilen zu übermitteln, benutzen Sie den Befehl \markright, wenn Sie einseitig drucken und \markboth, wenn Sie zweiseitig drucken. Beiden Befehlen wird als
Parameter der Text und ggf. die Formatierung der Kopfzeile übergeben.

Einseitiger Druck

Hier zunächst ein Ausschnitt aus einem Eingabetext, der *einseitig* ausgedruckt werden soll. LaTeX setzt beim einseitigen Druck alle Seiten als „rechte" Seiten, deswegen
wird in diesem Fall die Kopfzeile mit \markright definiert.

```
\pagestyle{myheadings}           % selbstdef. Kopfzeilen drucken
\markright{Programmdokumentation} % Definition
\begin{document}
  \section{Einleitung}            % dies wirkt sich nicht auf die
                                  % Kopfzeile aus
```

---

[2]Die Kopfzeilen dieses Buches wurden mit einem speziellen Makro gesetzt, um sie dem Erscheinungsbild anderer Vieweg-Bücher anzupassen.

Die Kopfzeilen auf allen Seiten sehen (bis auf die Seitenzahl) wie die folgende aus:

Programmdokumentation   2

Beachten Sie, daß der Inhalt der selbstdefinierten Kopfzeile nicht in Großbuchstaben umgewandelt wird. Die Kapitelüberschrift „Einleitung" hat keinen Einfluß auf die Kopfzeile. Die Seitenzahl wird automatisch eingefügt und läßt sich nicht unterdrücken. Die Schriftart der Kopfzeile kann frei gewählt werden:

```
\documentclass{article}
\usepackage{german}
\pagestyle{myheadings}
\markright{\slshape Programmdokumentation}
\begin{document}
  \section{Einleitung}
  ...
```

Sie können den Inhalt der Kopfzeile auch im Text verändern. Der folgende Quelltextauszug zeigt einen Text, der auf den ersten Seiten die Kopfzeile *„Programmdokumentation"* und später *„Referenz"* trägt.

```
\documentclass{article}
\usepackage{german}
\pagestyle{myheadings}
\markright{\slshape Programmdokumentation}
\begin{document}
  \section{Einleitung}
  Dieses Programm konvertiert...
  ...
  \newpage
  \markright{\slshape Referenz}
  ...
```

Wenn auf einer Seite mehrere **\markboth**-Befehle auftauchen, übernimmt LaTeX den ersten in die Kopfzeile, sonst den jeweils letzten.

Doppelseitiger Druck

Wenn Sie doppelseitig drucken wollen, müssen Sie unterschiedliche Kopfzeileninhalte eingeben. Beim Ausdruck stehen auf geraden Seiten die Seitenzahlen links, der Inhalt der Kopfzeile rechts (zur Heftung hin). Bei ungeraden Seiten steht die Seitenzahl außen rechts, der Inhalt links. An **markboth** wird, jeweils in geschweiften Klammern, der Inhalt der Kopfzeilen von geraden und ungeraden Seiten übergeben. Die Befehlssyntax lautet hier:

```
\markboth{GeradeSeiten}{UngeradeSeiten}
```

Im folgenden Beispiel wird für die geraden Seiten der Programmname und für ungerade Seiten „Programmdokumentation" als Kopfzeileninhalt definiert. Nach einigen Seiten wird für die rechten Seiten „Referenz" als Kopfzeile festgelegt.

```
\documentclass{book}
\usepackage{german}
\pagestyle{myheadings}
\markboth{SPELL\TeX}{Programmdokumentation}
\begin{document}
  \section{Einleitung}
  SPELL\TeX ist eine Rechtschreibpr"ufung f"ur \Tex und \LaTeX
  Texte. ...
    ...
  \newpage
  \markboth{SPELL\TeX}{Referenz}
```

Kopf- und Fußzeilendefinitionen für einzelne Seiten

Wenn Sie für einzelne Seiten eine besondere Kopf- und Fußzeilengestaltung wünschen, benutzen Sie den `\thispagestyle` Befehl. Als Argument wird ein Seitenstil übergeben. Sinnvoll ist der Einsatz von `\thispagestyle`, wenn man für eine einzelne Seite die Kopf- und Fußzeilen unterdrücken möchte, weil man z.B. nachträglich ein großformatiges Foto einkleben möchte. Erreicht wird das mit dem Befehl `\thispagestyle{empty}`. Um eine solche vollkommen leere Seite zu erhalten, gibt man die folgende Befehlssequenz ein:

```
\newpage
\thispagestyle{empty}
\hspace{1cm}
\newpage
```

Der Befehl `\hspace{1cm}` fungiert hier als „Dummy". Ohne diese Pseudoausgabe auf der neuen leeren Scite führt der zweite Aufruf von `\newpage` nicht zu einem neuen Umbruch. Übrigens zählt LaTeX die Seitenzahlen korrekt weiter.
Auch wenn Sie `\pagestyle{headings}` gewählt haben, gibt LaTeX auf der ersten Seite eines neuen Kapitels eine in der Fußzeile zentrierte Seitenzahl aus. Wenn Sie das stört, können Sie die Ausgabe mit `\thispagestyle{empty}` unterdrücken. Das Beispiel zeigt, wie vorzugehen ist:

```
\documentclass[10pt]{report}
\pagestyle{headings}
\begin{document}
  ...
  \chapter{Stichwortverzeichnisse}   % Kapitel"uberschrift
  \thispagestyle{empty}              % Seitenzahl auf dieser Seite
  ...                                % unterdruecken
```

9.3 Positionierung von Kopf- und Fußzeilen

Man sollte die voreingestellte vertikale Position der Kopf- und Fußzeilen normalerweise nicht verändern, denn LaTeX gibt hier optimale Abstände vor. Wenn es doch notwendig werden sollte, diese Werte zu verändern, kann mit dem Befehl \headsep der Abstand zwischen der Kopfzeile und dem Textbereich verändert werden. Der Wert wird direkt an den Befehl angehängt (z.B. \headsep0.2cm). Die Position der Fußzeile können Sie mit \footskip festlegen. Der übergebene Wert (z.B. \footskip0.5cm) definiert den Abstand zwischen Fußzeile und eigentlichem Textbereich.

Kapitel 10

Fußnoten

In diesem Kapitel wird die sehr komfortable Fußnotenverwaltung vorgestellt, die LaTeX bietet.

Mit dem `\footnote`-Befehl markieren Sie den Text in den nachfolgenden geschweiften Klammern als Fußnote.[1] Der Befehl folgt, wie im nächsten Beispiel zu sehen ist, direkt dem Wort, dem die Fußnote zugeordnet ist.

```
... markieren Sie den Text in den geschweiften Klammern
als Fu"snote.\footnote{So sieht eine Fu"snote aus} Der
Befehl folgt...
```

Die Numerierung, Formatierung und die Plazierung der Fußnote am Ende der Seite übernimmt LaTeX. Die Fußnoten werden stets unterhalb einer kurzen Linie gedruckt. Die Ausgabe dieser Linie können Sie mit dem Befehl

```
\renewcommand{\footnoterule}{\rule{0cm}{0cm}}
```

unterdrücken. Dieser ist in die Präambel einzufügen.

Die Fußnotennummern bzw. -zeichen werden hochgestellt ausgegeben. Der interne Zähler `footnote` wird mit jedem neuen Kapitel (*chapter*) zurückgesetzt, so daß die erste Fußnote eines Kapitels immer die Nummer 1 trägt.[2] Wenn Sie wünschen, daß der Zähler auch beim Beginn eines neuen Unterkapitels (*section*) zurückgesetzt wird, müssen Sie diesen mit dem `\setcounter`-Befehl[3] manipulieren. Der schematische Beispieltext zeigt, wie vorzugehen ist.

---

[1] So sieht eine Fußnote aus.

[2] Wenn Sie das Paket `footnpag` von J. Schrod laden, numeriert LaTeX die Fußnoten seiten- statt kapitelweise. Achten Sie bei der Verwendung des Paketes darauf, daß der Text *zweimal* zu übersetzen ist, um ein korrektes Ergebnis zu erhalten.

[3] vgl. Seite 46

```
\chapter{Kapitel1}
\section{Unterkapitel1}
...\footnote{...} ...            % diese Fussnote traegt die Nummer 1
...
...\footnote{...} ...            % und diese die Nummer 2
\newpage                        % hier beginnt eine neue Seite
\setcounter{footnote}{0}        % der Zaehler wird zurueckgesetzt
\section{Unterkapitel2}         % ein neues Unterkapitel
...\footnote{...} ...           % diese Fussnote traegt wieder
...                             % die Nummer 1
```

10.1   Alternative Numerierung

Wenn Ihnen die arabische Numerierung nicht zusagt, können Sie auf römische Zahlen, Buchstaben oder eine Gruppe von Symbolen umschalten. Um zu einem anderen Zahlensystem zu wechseln, verwenden Sie das Kommando \renewcommand. Die LaTeX-Variable, die Sie damit überschreiben müssen, heißt \thefootnote. Der nächste Ausschnitt aus einem Eingabetext zeigt, wie das Kommando in die Präambel aufzunehmen ist.

```
\documentclass[11pt]{report}
\usepackage{german}
\renewcommand{\thefootnote}{\roman{footnote}}
\begin{document}
...
```

Hiermit wird erreicht, daß die Ausgabe des Fußnotenzählers mit kleinen römischen Zahlen (z.B. vii) erfolgt. Mit \Roman erhalten Sie große römische Zahlen (z.B. VII). Mit der Eingabe von \alph erhalten Sie Kleinbuchstaben (z.B. g) und mit \Alph Großbuchstaben (z.B. G). Mit der Formatierungsanweisung \fnsymbol können Sie die Fußnoten mit einem von neun Symbolen kennzeichnen lassen. Diese Option ist nur sinnvoll, wenn es sich entweder um kurze Schriftstücke handelt oder um Texte, die nur selten Fußnoten aufweisen. Im Text oder in der Präambel muß dann folgende Befehlssequenz erscheinen:

```
\renewcommand{\thefootnote}{\fnsymbol{footnote}}
```

Von den Symbolen * † ‡ § ¶ ‖ ** †† ‡‡ sind in unserem Sprachraum nur die Sternchen
gebräuchlich. Um diese zu verwenden, wird an den \footnote-Befehl als optionaler Parameter der Nummerncode des Symbols übergeben. Um also eine Fußnote
mit einem Sternchen als Fußnotenzeichen versehen zu lassen, ist sie folgendermaßen
einzugeben:

```
\footnote[1]{Das ist der Fu"snotentext}
```

Der Nummerncode für das einzelne Sternchen ist die 1, für zwei Sternchen ist eine
7 einzugeben.

10.2   Fußnoten im zweispaltigem Satz

Wenn ein Dokument mit Hilfe des Klassenparameters `twocolumn` zweispaltig gesetzt
wird, erscheinen die Fußnoten am unteren Teil der jeweiligen Spalte. Wird das Paket
`ftnright` von Frank Mittelbach geladen, werden Sie statt dessen im unteren Teil
der rechten Spalte der jeweiligen Seite gesammelt ausgegeben.

10.3   Fußnoten am Text- oder Kapitelende

Fußnoten werden von LaTeX am Ende der Seite untergebracht. Wenn Sie Ihre Fußno-
ten am Ende des Textes oder am Kapitelende sammeln und ausgeben müssen, laden
Sie das Paket `endnotes` von John Lavagnino. Im Text ist statt des \footnote-
Befehls das \endnote-Kommando zu verwenden. Am gewünschten Ort wird dann
mit \theendnotes der Ausdruck der Anmerkungen ausgelöst. Um den englischen
Standardtitel dieses Bereiches durch eine deutsche Überschrift zu ersetzen, geben
Sie – am besten in der Präambel – die folgende Zeile ein:

```
\renewcommand{\notesname}{Anmerkungen}
```

Das folgende Listing zeigt den prinzipiellen Aufbau Ihres Textes:

---

*Das ist das Symbol mit dem Nummerncode 1
†Das ist das Symbol mit dem Nummerncode 2
‡Das ist das Symbol mit dem Nummerncode 3
§Das ist das Symbol mit dem Nummerncode 4
¶Das ist das Symbol mit dem Nummerncode 5
‖Das ist das Symbol mit dem Nummerncode 6
**Das ist das Symbol mit dem Nummerncode 7
††Das ist das Symbol mit dem Nummerncode 8
‡‡Das ist das Symbol mit dem Nummerncode 9

```
\documentclass...
  \usepackage{endnotes}
  \renewcommand{\notesname}{Anmerkungen}
\begin{document}
  ...\endnote{Das ist die Anmerkung} ...
  \newpage                  % neue Seite am Textende
  \theendnotes              % Anmerkungen ausgeben
\end{document}
```

\theendnotes darf überall plaziert werden. Wenn die Anmerkungen nach jedem Kapitel erscheinen sollen, muß das Kommando demnach nur an der betreffenden Stelle erscheinen. Die folgenden Eingabezeilen zeigen, was zu tun ist, wenn die Numerierung im folgenden Kapitel wieder bei 0 beginnen soll.

```
...                         % Kapitelende
\theendnotes                % Anmerkungen ausgeben
\setcounter{endnote}{0}     % Zaehler zuruecksetzen
\chapter{...                % neues Kapitel
...
```

Kapitel 11

Listen und Verzeichnisse

Dieses Kapitel zeigt Ihnen, wie Sie mit LaTeX übersichtliche und leicht lesbare Listen und Verzeichnisse setzen lassen können. Außerdem wird demonstriert, wie Sie eigene Listen-Layouts entwerfen können.

11.1   Listen

Für Listen wird der Bereich `itemize` zur Verfügung gestellt. Innerhalb einer Liste wird jedes Element mit dem Kommando `\item` eingeleitet. Den einzelnen Elementen der Liste stellt LaTeX einen Punkt voran und rückt sie ein. Hier ein simples Beispiel:

- Das ist das erste Element dieser Liste

- Das ist das zweite Element dieser Liste

Hierfür wurde der folgende Text eingegeben.

```
\begin{itemize}
   \item Das ist das erste Element dieser Liste
   \item Das ist das zweite Element dieser Liste
\end{itemize}
```

Wenn Ihnen die Punkte nicht gefallen, können Sie dem `\item`-Kommando als optionalen Parameter das gewünschte Zeichen übergeben. Es folgt ein Beispiel. Auf der rechten Seite ist der Eingabetext abgedruckt.

* Das ist ein Listenelement

```
\begin{itemize}
   \item[*] Das ist...
\end{itemize}
```

Die Textelemente können länger als eine Zeile oder ein Absatz sein. Außerdem können sie ihrerseits Listen enthalten. So lassen sich Listen bis zu vier Ebenen tief schachteln. Hier ein Beispiel für eine solche Schachtelung.

- Zeichenformatierung. Diese umfaßt die Wahl der

  - Schriftart
  - Schriftgröße

- Absatzformatierung. Diese bestimmt die

  - Bündigkeit der Absätze, also
    * Linksbündigkeit
    * Rechtsbündigkeit
    * Zentrierung
    * Blocksatz
  - Absatzabstände
  - Einzüge

- Seitenformatierung

- Dokumentenformatierung

Es folgt der Eingabetext.

```
\begin{itemize}
    \item Zeichenformatierung. Diese umfa"st die Wahl der
        \begin{itemize}
          \item Schriftart
          \item Schriftgr"o"se
        \end{itemize}
    \item Absatzformatierung. Diese bestimmt die
        \begin{itemize}
            \item B"undigkeit der Abs"atze, also
            \begin{itemize}
                \item Linksb"undigkeit
                \item Rechtsb"undigkeit
                \item Zentrierung
                \item Blocksatz
            \end{itemize}
            \item Absatzabst"ande
            \item Einz"uge
        \end{itemize}
    \item Seitenformatierung
    \item Dokumentenformatierung
\end{itemize}
```

Die Einrückungen im Quelltext sind für LaTeX bedeutungslos. Sie dienen lediglich der
Hervorhebung der Schachtelungsebenen. Sie sollten in Ihren Texten ebenso vorgehen,
um Fehler bei der Zuordnung und beim „Abschließen" von (Unter-) Bereichen zu
vermeiden. Außerdem bleibt der Eingabetext so auch am Bildschirm lesbar.

11.2 Numerierte Listen

Der Bereich, in dem die Elemente numerierter Listen zu plazieren sind, heißt **enumerate**. Auch hier wird jedes Element mit `\item` kenntlich gemacht. Das nächste Beispiel zeigt eine Schachtelung von **enumerate**-Bereichen. Sie erkennen daran auch, wie LaTeX die Numerierung auf den unterschiedlichen Ebenen vornimmt.

1. Das ist der erste Punkt

    (a) Das ist der erste Unterpunkt

        i. Das ist der erste Unter-Unterpunkt

        ii. Das ist der zweite Unter-Unterpunkt

    (b) Das ist der zweite Unterpunkt

2. Das ist der zweite Punkt

Hier der Eingabetext.

```
\begin{enumerate}
  \item Das ist der erste Punkt
      \begin{enumerate}
        \item Das ist der erste Unterpunkt
            \begin{enumerate}
              \item Das ist der erste Unter-Unterpunkt
              \item Das ist der zweite Unter-Unterpunkt
            \end{enumerate}
        \item Das ist der zweite Unterpunkt
      \end{enumerate}
  \item Das ist der zweite Punkt
\end{enumerate}
```

Listen und numerierte Listen sind in Schachtelungen kombinierbar.

Verweise auf Listenelemente

Sie können sich in Ihrem Text auf die Elemente einer numerierten Liste beziehen.[1] Steht die mit `\label` deklarierte Textmarke in einem **enumerate**-Bereich, sorgt ein Verweis mit `\ref` für eine Ausgabe der Nummer des Elementes, in dem die Textmarke steht. Es folgt ein schematisches Beispiel.

```
  ...
  \item Das ist der erste Punkt
  \begin{enumerate}
    \item Das ist der erste Unterpunkt\label{Textmarke} ...
  \end{enumerate}
  ...
  Vergleichen Sie hierzu auch Punkt \ref{Textmarke} ...
```

---

[1] Siehe hierzu auch Seite 67ff.

Die unterste Zeile führt zu der Ausgabe von „Vergleichen Sie hierzu auch Punkt 1a".

Das enumerate-Paket

Mit Hilfe des **enumerate**-Paketes von David Carlisle[2] kann die Art der Numerierung eigenen Wünschen angepaßt werden. Es stellt hierfür einen neuen optionalen Parameter zur Verfügung, der aus drei Elementen bestehen kann: Vorspann, Zähler und Nachspann. Hier die Syntax:

```
\begin{enumerate}[{Vorspann} Zaehlertyp {Nachspann}]
```

Für **Zählertyp** stehen die rechts abgedruckten Variablen zur Verfügung.

Es folgt ein kurzes Beispiel, in dem der neue Parameter auch zur Zeichenformatierung genutzt wird:

Variable	Zählertyp
A	Großbuchstaben
a	Kleinbuchstaben
I	große römische Ziffern
i	kleine römische Ziffern
1	arabische Ziffern

```
\begin{enumerate}[\bfseries{Option }a{: }]
 \item Das ist der erste Punkt
 \item Das ist der zweite Punkt
\end{enumerate}
```

Option a: Das ist der erste Punkt

Option b: Das ist der zweite Punkt

11.3   Selbstdefinierte Marken

Die Marken[3] bzw. die Art der Numerierung von Listen lassen sich verändern. Dafür sind die LaTeX-Platzhalter aus der folgenden Tabelle mit \renewcommand zu manipulieren.

Bereich	Ebene	Platzhalter
itemize	1	labelitemi
	2	labelitemii
	3	labelitemiii
	4	labelitemiv
enumerate	1	labelenumi
	2	labelenumii
	3	labelenumiii
	4	labelenumiv

Der Inhalt der Platzhalter wird mit \renewcommand verändert. Wenn Sie z.B. wünschen, daß die Elemente einer Liste mit Spiegelstrichen, die Unterelemente auf Ebene zwei mit zwei Spiegelstrichen usw. gekennzeichnet werden, so sind folgende Zeilen in die Präambel einzufügen.

---

[2]Unter DOS wird das Paket wegen der begrenzten Länge von Dateinamen mit \usepackage{enumeate} geladen.

[3]Als Marke wird das Symbol bezeichnet, das einem Listenpunkt voransteht.

```
\renewcommand{\labelitemi}{-}              % Ebene 1
\renewcommand{\labelitemii}{-\ -}          % Ebene 2
\renewcommand{\labelitemiii}{-\ -\ -}      % Ebene 3
\renewcommand{\labelitemiv}{-\ -\ -\ -}    % Ebene 4
```

Im Text bringt die Eingabe des folgenden Textes das unten abgedruckte Ergebnis.

```
\begin{itemize}
  \item Das ist Element 1
        \begin{itemize}
          \item Das ist Unterelement 1
          \item Das ist Unterelement 2
        \end{itemize}
  \item Das ist Element 2
\end{itemize}
```

- Das ist Element 1

  - - Das ist Unterelement 1

  - - Das ist Unterelement 2

- Das ist Element 2

Angenommen, die Elemente einer numerierten Liste sollen auf allen Ebenen mit arabischen Zahlen numeriert werden, dann ist folgende Umformatierung der Zähler enumi bis enumiv in der Präambel einzutragen:

```
\renewcommand{\labelenumi}{\arabic{enumi}}        % Ebene 1
\renewcommand{\labelenumii}{\arabic{enumii}}      % Ebene 2
\renewcommand{\labelenumiii}{\arabic{enumiii}}    % Ebene 3
\renewcommand{\labelenumiv}{\arabic{enumiv}}      % Ebene 4
```

Durch die Anweisung \renewcommand{\labelenumi}{[\arabic{enumi}]} werden die Zahlen auf Ebene 1 in eckige Klammern gesetzt. Die häufig benötigte Numerierung nach dem Muster „1", „1.1" usw. wird mit der folgenden Anweisungssequenz erreicht:

```
\renewcommand{\labelenumi}{\arabic{enumi}}
\renewcommand{\labelenumii}{\arabic{enumi}.\arabic{enumii}}
   ...
   ...
```

11.4 Verzeichnisse

Ein Verzeichnis ist eine speziell formatierte Liste, bei der die Schlüsselworte hervorgehoben werden. Verzeichnisse stehen in description-Bereichen. Auch ihre Elemente werden mit \item kenntlich gemacht. Die Schlüsselworte werden in eckige Klammern gesetzt. Es folgt ein Beispiel.

itemize Ein Bereich zur Formatierung von Listen.

enumerate Ein Bereich zur Formatierung numerierter Listen. Die Numerierung
wird von LaTeX vorgenommen.

description Ein Bereich zur Formatierung von Verzeichnissen.

Der Eingabetext sieht folgendermaßen aus:

```
\begin{description}
  \item [itemize] Ein Bereich zur Formatierung von Listen.
  \item [enumerate] Ein Bereich zur Formatierung numerierter
         Listen. Die Numerierung wird von \LaTeX\ vorgenommen.
  \item [description] Ein Bereich zur Formatierung von
         Verzeichnissen.
\end{description}
```

Die Einträge in den eckigen Klammern können mit Formatierungsangaben versehen werden. Man ist dadurch nicht gezwungen, die Hervorhebungen durch eine fette
Schrift zu akzeptieren. Bei der Aufstellung auf Seite 208 wurden die Namenserweiterungen z.B. folgendermaßen eingegeben.

```
\begin{description}
  \item[\ttfamily .aux] In dieser Hilfsdatei werden
       \emph{labels} f"ur die Verwaltung von Querverweisen ...
```

11.5   Selbstdefinierte Listen

Wenn die drei angebotenen Standardlisten `itemize`, `enumerate` und `description`
Ihren Ansprüchen nicht genügen, können Sie eigene Listen gestalten. Für selbstde-
finierte Listen wird ein Bereich `list` bereitgestellt. Zu Beginn dieses Bereiches wird
das Layout der neuen Liste definiert. Innerhalb des Bereiches werden die einzelnen
Elemente der Liste wie gewohnt mit `\item` kenntlich gemacht.

Die Layout-Definition besteht aus zwei Komponenten. In der ersten wird die
gewünschte Marke definiert, in der zweiten ist die Formatierung der Textelemente
festzulegen. Die Syntax für den Aufbau einer selbstdefinierten Liste sieht demnach
folgendermaßen aus:

```
\begin{list}{Marken-Definition}{Formatierungsanweisung(en)}
  \item ...
  \item ...
\end{list}
```

Ein einfaches Beispiel soll das veranschaulichen. Es wird eine Liste erzeugt, deren Elementen ein □-Symbol[4] voransteht. Die Textelemente sollen um drei Zentimeter eingezogen werden.

    □ Ein Textelement

    □ Ein Textelement

    □ Ein Textelement

Es folgt der einzugebende Text.

```
\begin{list}{$\Box$}{\leftmargin3cm}
   \item Ein Textelement
   \item Ein Textelement
   \item Ein Textelement
\end{list}
```

Wenn Sie nur eine neue Marke definieren, sonst aber das von LaTeX vorgegebene Layout beibehalten möchten, können Sie das letzte Klammerpaar auch leer lassen. Für ein individuelles Layout stehen Ihnen, neben dem oben verwendeten `\leftmargin`-Kommando, zahlreiche Befehle zur Textformatierung zur Verfügung, die Sie hier einfügen können.

▷ Der Abstand zwischen zwei Elementen wird mit `\itemsep` definiert. Der mit `\parsep` festgelegte Abstand zwischen den Absätzen eines Elementes wirkt auch zwischen den Elementen, so daß sich der tatsächliche Abstand zwischen zwei Elementen aus der Summe beider Werte ergibt.

▷ Der Abstand zwischen dem vorangehenden Text und dem ersten Listenelement kann durch `\topsep` beeinflußt werden. Der Abstand wird zunächst durch den Absatzabstand des Dokumentes bestimmt, der evtl. mit `\parskip` verändert wurde (siehe Seite 37). Mit dem `\topsep`-Befehl wird daher ein *zusätzlicher* Abstand eingeschoben. Weiterer vertikaler Leerraum vor und nach der Liste wird mit dem `\partopsep`-Kommando eingefügt – der Befehl wird nur wirksam, wenn am Anfang und Ende der Liste eine Leerzeile liegt.

▷ Die Tiefe der Einrückung des Textes (im Verhältnis zum umgebenden Text) kann mit den Kommandos `\leftmargin` und `\rightmargin` bestimmt werden. Achten Sie (besonders bei Schachtelungen) darauf, daß der Wert nicht zu groß gewählt wird, da die Absatzbreite sonst zu gering wird.

▷ Mit dem `\listparindent`-Befehl wird der Einzug der ersten Textzeile der Absätze eines Listenelementes eingestellt.

---

[4] Es handelt sich hierbei um ein mathematisches Symbol. Die Verwendung mathematischer Pfeilsymbole wird in Kapitel 13.5.10 erklärt. Die kleine Box wird als `$\Box$` eingegeben.

▷ Der *zusätzliche* Betrag, um den die Marke und die erste Textzeile eines Elementes eingerückt wird, wird mit `\itemindent` festgelegt. Als Voreinstellung ist dieser Wert auf Null gesetzt.

▷ Der Abstand zwischen der Marke und dem folgenden Text wird mit `\labelsep` festgelegt.

▷ Die Breite des Marken-Bereiches definieren Sie mit `\labelwidth`. Innerhalb dieses Bereiches wird die eigentliche Marke (das kann ein Symbol oder eine Zeichenkette sein) von LaTeX rechtsbündig gesetzt.

Der nächste Quelltext zeigt, wie zusätzliche Befehle zur Gestaltung der oben definierten Liste einzugeben sind.

```
\begin{list}{$\Box$}     % Marke
     {                   % Textformatierung
        \leftmargin2cm   % Einzug links
        \rightmargin1cm  % Einzug rechts
        \itemsep1cm      % Abst. zw. Elementen
     }
  ...
```

Um den Text anschaulich zu gestalten, wurden die Definitionen auf mehrere Zeilen verteilt. In Ihren Texten müssen Sie das nicht tun. Die Layout-Definition hätte auch wie folgt eingegeben werden können:

```
\begin{list}{$\Box$}{\leftmargin2cm\rightmargin1cm\itemsep1cm}
```

Wenn Sie die Elemente Ihrer selbstdefinierten Liste numerieren lassen möchten, müssen Sie hierfür einen eigenen Zähler definieren. Ein Zähler wird mit der `\newcounter`-Anweisung erzeugt, der der Name übergeben wird, mit dem der Zähler später angesprochen werden kann. Einen Zähler `MyCounter` erzeugt man mit der Anweisung `\newcounter{MyCounter}`, die in der Präambel stehen soll. Damit LaTeX die Listenelemente mit diesem Zähler durchnumerieren kann, muß innerhalb der Formatdefinition der Liste der Befehl `\usecounter` stehen. An `\usecounter` wird als Parameter der Name des Zählers übergeben.

Die unten abgedruckte Formatbeschreibung läßt LaTeX eine Liste erzeugen, deren Elemente mit kleinen, linksbündig gesetzten römischen Zahlen numeriert sind.[5] Dafür sind drei Schritte notwendig. Zunächst wird der Zähler `MyCounter` erzeugt. Dann wird LaTeX in der Beschreibung der Marke mit dem Kommando `\roman{MyCounter}` angewiesen, den Zähler in Form kleiner römischer Zahlen zu

---

[5]Wenn Sie die Ziffern einer kürzeren Liste in Kreise setzen möchten, verwenden Sie den `\textcircled`-Befehl (Seite 30), um ①, ②, ③ etc. zu erhalten.

setzen. Die Anweisung `\hfill`[6] erzwingt eine linksbündige Ausgabe der Zahlen. In der Formatbeschreibung wird LaTeX schließlich mit dem `\usecounter`-Befehl angewiesen, die Elemente mit dem selbstdefinierten Zähler zu numerieren.

```
...                              % Praeambel
\newcounter{MyCounter}           % Ein Zaehler wird erzeugt
\begin{document}                 % Ende d. Praeambel

...
\begin{list}{                    % Definition der Marke
        \roman{MyCounter}\hfill
      }                          % Ende d. Markendefinition
      {                          % Textformatierung
        \leftmargin1cm           % Einzug links
        \rightmargin1cm          % Einzug rechts
        \usecounter{MyCounter}   % benutze Zaehler MyCounter
      }                          % Ende der Textformatierung
  \item ...                      % Listenelement
  \item ...                      %   "        "
\end{list}
```

Die Formatierungsanweisungen für Marke und Text können übrigens mit Zeichenformatierungen versehen werden. In der folgenden Definition werden die Zahlen fett und der Text kursiv gedruckt. Außerdem werden die Zahlen mit runden Klammern versehen. Das ist lediglich ein Beispiel; in der Praxis ist es nicht sinnvoll, den Text mit solchen Formatierungen zu überladen.

```
\newcounter{MyCounter}              % in Praeambel !
\begin{list}{\bfseries(\arabic{MyCounter})\hfill}
       {\usecounter{MyCounter}
        \leftmargin2cm\rightmargin1cm
        \itshape}
   \item ...
```

Wenn Sie das von Ihnen definierte Listenformat mehrfach im Text verwenden möchten, sollten Sie die Formatbeschreibung als neuen Bereich definieren, um sich das häufige Kopieren der Formatbeschreibungen zu ersparen. Eine Definition eines neuen Bereiches erfolgt mit dem `\newenvironment`-Befehl in der Präambel.[7] Für ihn gilt folgende Syntax:

```
\newenvironment{Name}{\beginSequenz}{\endSequenz}
```

Nach der Vergabe des Namens (der in das erste Klammerpaar zu setzen ist) wird die gesamte Formatbeschreibung, die bisher mit `\begin` eingeleitet wurde, in das

---

[6]vgl. Seite 21.
[7]Lesen Sie hierzu auch Kapitel 17.2.

zweite Klammerpaar eingefügt. Diesem folgt, ebenfalls in geschweiften Klammern,
die Anweisung, mit der bisher die Liste abgeschlossen wurde. Hier zunächst ein
einfaches Beispiel: Es wird eine Liste definiert und als neuer Bereich deklariert,
deren Elemente mit einem ▷ als Marke versehen werden.[8] Die Liste wird links um
einen Zentimeter eingerückt.

```
                        |<-------------Beginn------------->|
\newenvironment{TestList}{\begin{list}{$\rhd$}{\leftmargin1cm}}{\end{list}}
        |<-Name->|                                         |<--Ende-->|
```

Unten wird gezeigt, wie der neue Bereich innerhalb des Textes für den Aufbau einer
Liste benutzt werden kann.

```
    ...
    \begin{TestList}
      \item Das ist Punkt eins.
      \item Das ist Punkt zwei.
    \end{TestList}
    ...
```

Beachten Sie bitte: Zwischen den Klammerpaaren, die dem `\newenvironment`-Befehl
zuzuordnen sind, dürfen keine Leerzeichen liegen. Andernfalls erhalten Sie Fehlermeldungen, von denen nicht unbedingt auf die Quelle des Fehlers zu schließen ist.
Wenn man die Zeilen, der besseren Lesbarkeit wegen, dennoch umbrechen möchte,
müssen diese mit dem Kommentarzeichen % beendet werden.

Der folgende Textausschnitt zeigt, wie man die weiter oben gezeigte Formatbeschreibung einer mit römischen Zahlen numerierten Liste als neuen Bereich definieren
kann. Beachten Sie, daß der Zähler `MyCounter` vor der Bereichsdefinition erzeugt
werden muß, damit man ihn dort verwenden kann. Um den „Quelltext" übersichtlicher halten, d.h. einrücken zu können, wurde an den Stellen, die nicht durch einen
Umbruch getrennt werden dürfen, ein % eingefügt.[9]

---

[8]Es handelt sich hierbei ebenfalls um ein mathematisches Symbol. Die Verwendung solcher mathematischer Pfeilsymbole wird in Kapitel 13.5.10 erklärt. Der hier verwendete, nach rechts weisende
Pfeil ist als `$\rhd$` einzugeben. Laden Sie hierfür bitte das `latexsym`-Paket.

[9]Der Quelltext wurde hier sehr stark strukturiert, um ihn lesbar zu halten. In der Praxis ist
diese Form der Eingabe nicht notwendig.

```
\documentclass[11pt]{report}        % Praeambel
\usepackage{german}
  \newcounter{MyCounter}            % Zaehlerdefinition
\begin{document}
\newenvironment{MyList}%               Namensvereinbarung
            {\begin{list}            % Anfangssequenz
                {                    % Markendef.
                  \roman{MyCounter}  %    roemische Zahlen
                  \hfill             %    linksbuendig
                }                    %
                {                    % Textformatierung
                  \leftmargin1cm     %    linker Einzug
                  \rightmargin1cm    %    rechter Einzug
                  \topsep1cm         %    Abst. z. umg. Text
                  \usecounter{MyCounter} % benutze Zaehler
                }
            }%                          Endesequenz
            {\end{list}}
  ...
\begin{MyList}          % ein kleiner Test
  \item Das ist Punkt eins.
  \item Das ist Punkt zwei.
\end{MyList}
  ...
```

Solche Formatbeschreibungen sollte man, wenn sie in verschiedenen Texten benötigt werden, in separaten Druckformatdateien ablegen, die dann mit dem \input-Befehl eingebunden werden können (siehe Seite 175ff.).

Kapitel 12

Tabulatoren und Tabellen

*Mit LATEX lassen sich Tabellen einfach aufbauen und sehr ansprechend gestalten. In diesem Kapitel wird zunächst gezeigt, wie einfache Listen und Tabellen mit einem Tabulatorbereich **tabbing** erzeugt werden können. Wenn ein aufwendigeres Layout gefragt ist, wird mit dem Bereich **tabular** gearbeitet, der anschließend vorgestellt wird.*

Wie Fußnoten in Tabellen einzufügen sind, wird auf Seite 145 gezeigt.

12.1 Tabulatoren

Tabulatoren werden in LATEX innerhalb eines \tabbing-Bereiches gesetzt und verwendet. Dieser Bereich wird von LATEX wie ein eigener Absatz behandelt.

Bevor Sie einen oder mehrere Tabulatoren benutzen können, müssen Sie diese zunächst setzen, d.h. deren Anzahl und Position bestimmen. Ein Tabulator wird mit dem Befehl \= gesetzt. Seine Position wird durch die Plazierung des Befehls im Quelltext festgelegt. In der nächsten Zeile können Sie dann mit \> an diesen Tabstopp „springen". Es ist möglich, innerhalb der Tabelle weitere Tabstopps zu definieren. Die einzelnen Zeilen der Tabelle werden mit \\ getrennt.

```
\begin{tabbing}
  Modul \= Funktion \hspace{4cm} \= setzt voraus\\
  str.c \> String-Operationen \> ./. \\
  scr.c \> Bildschirmroutinen \> ./. \\
  sed.c \> Zeileneditor        \> str.c \\
        \>                     \> scr.c \\
  men.c \> Men"usystem         \> str.c \\
        \>                     \> scr.c \\
        \>                     \> sed.c
\end{tabbing}
```

Die Struktur der Tabelle wurde bei der Eingabe erhalten, um den Text lesbar zu halten – für LaTeX ist das ohne Bedeutung. Man hätte die Tabelle auch so eingeben können:

```
...
sed.c\> Zeileneditor\> str.c\\
\>\>scr.c\\ men.c\> Men"usystem\>str.c  \\
...
```

Wenn Sie den Text an TeX und dann an den Druckertreiber übergeben, erhalten Sie den folgenden Ausdruck.

Modul	Funktion	setzt voraus
str.c	String-Operationen	./.
scr.c	Bildschirmroutinen	./.
sed.c	Zeileneditor	str.c
		scr.c
men.c	Menüsystem	str.c
		scr.c
		sed.c

Die erste Tabulatorposition hängt direkt von der Position des ersten von Ihnen eingegebenen \=-Befehls ab. Sehen Sie, wie sich das Aussehen der Tabelle verändert, wenn der erste Tabulator weiter rechts positioniert wird, weil als Spaltenüberschrift „Modulname" statt „Modul" gewählt wird. Die erste Zeile sieht dann so aus:

```
Modulname \= Funktion \hspace{4cm} \= setzt voraus\\
```

Wie der Ausdruck zeigt, sitzt der erste Tabstopp nun deutlich weiter rechts.

Modulname	Funktion	setzt voraus
str.c	String-Operationen	./.
scr.c	Bildschirmroutinen	./.
sed.c	Zeileneditor	str.c
...		

Wie beim zweiten Tabulator gezeigt, können Tabulatoren mit `\hspace` in exakt bestimmbaren Abständen gesetzt werden.

Sie sollten Tabulatoren, besonders wenn Sie `\hspace` verwenden, nicht in der Zeile mit den Spaltenüberschriften setzen, weil der Eingabetext dadurch schnell unübersichtlich wird. Sie können der Tabelle eine separate Definitionszeile voranstellen, in der die Tabulatoren angeordnet werden. Diese Zeile wird mit dem Befehl `\kill` abgeschlossen, um zu verhindern, daß sie mit ausgedruckt wird. Das Beispiel zeigt die obige Tabelle noch einmal — mit einer Definitionszeile versehen und großzügiger formatiert.

```
\begin{tabbing}
 \hspace{3cm} \= \hspace{4cm}        \= \kill
 Modulname       \> Funktion              \> setzt voraus\\*
  str.c          \> String-Operationen\> ./.      \\*
  scr.c          \> Bildschirmroutinen\> ./.      \\*
  sed.c          \> Zeileneditor       \> str.c  \\*
                 \>                     \> scr.c  \\*
  men.c          \> Men"usystem        \> str.c  \\*
                 \>                     \> ...
\end{tabbing}
```

Die Zeilen werden durch * getrennt, um auszuschließen, daß die Tabelle durch
einen Seitenumbruch auseinandergerissen wird. Wie auf Seite 12 gezeigt wurde, kann
man dem \\-Befehl außerdem einen optionalen Parameter mitgeben, der den Abstand zur nachfolgenden Zeile bestimmt. So lassen sich die Spaltenüberschriften
etwas von der Tabelle absetzen. Im nächsten Quelltextauszug wird außerdem gezeigt, wie die Schriftart für den Tabellenkopf festgelegt werden kann. Jede Zelle muß
einzeln formatiert werden, da ein Tabstopp vorangehende Formatierungsdirektiven
aufhebt.

```
\begin{tabbing}
  \hspace{3cm} \= \hspace{4cm}        \= \kill
  \itshape Modulname \>\itshape Funktion  \>\itshape setzt voraus\\*[0.2cm]
  str.c                \> String-Operationen\> ./.      \\*
  ...
```

Die Tabelle wirkt nun übersichtlicher:

Modulname	*Funktion*	*setzt voraus*
str.c	String-Operationen	./.
scr.c	Bildschirmroutinen	./.
sed.c	Zeileneditor	str.c
		scr.c
men.c	Menüsystem	str.c
		...

In einigen Zeilen bleiben die ersten Zellen leer. Um diese zu überspringen, werden
Tabulatoren mit \> eingefügt. Man kann sich das sparen, indem man am Ende der
vorangehenden Zeile für jeden zu übergehenden Tabstopp ein \+ einfügt. Dieser
Befehl bewirkt, daß die nächsten Zeilen automatisch um einen Tabstopp eingezogen
werden. Diese Anweisung wird mit \- wieder aufgehoben. Der nächste Text bewirkt
die gleiche Ausgabe wie oben.

```
\begin{tabbing}
  \hspace{3cm} \= \hspace{4cm}              \= \kill
  \itshape Modulname\>\itshape Funktion \>\itshape setzt voraus\\*[0.2cm]
  ...
  sed.c          \> Zeileneditor          \> str.c\+\+ \\*
                                             scr.c\-\- \\*
  men.c          \> Men"usystem           \> str.c\+\+ \\*
                                             scr.c       \\*
                                             sed.c
\end{tabbing}
```

Da der \+-Befehl auf *alle* folgenden Zeilen wirkt, bis er explizit mit \- aufgehoben
wird, kann man so auch den linken Rand einer Tabelle festlegen. Um die Tabelle
um einen Zentimeter einzurücken, wird in der Definitionszeile ein zusätzlicher erster
Tabulator eingefügt. Am Ende dieser Zeile bewirkt \+, daß alle nachfolgenden Zeilen
entsprechend eingerückt werden. Mit der folgenden Definitionszeile

```
\hspace{1cm} \= \hspace{3cm} \= \hspace{4cm} \= \+ \kill
```

wird die Tabelle so ausgedruckt:

Modulname	*Funktion*	*setzt voraus*
str.c	String-Operationen	./.
scr.c	Bildschirmroutinen	./.
sed.c	Zeileneditor	str.c
	...	

Soll der Einzug für eine einzelne Zeile aufgehoben werden, ist ihr ein \< voranzustellen. Für mehrere Zeilen erreicht man das mit \-.

Der \'-Befehl dient in `tabbing`-Bereichen dazu, einem einzelnen Spalteneintrag
einen Text voranzustellen. Der links von \' stehende Text wird rechtsbündig zum
letzten Tabulator gesetzt, der Text rechts davon ist der eigentliche Zelleneintrag.
In den folgenden Eingabezeilen wird zwei Tabelleneinträgen ein Ausrufungszeichen
vorangestellt.

```
  ...
  men.c          \> Men"usystem          \> str.c  \\*
                 \>                       \> scr.c  \\*
                 \>                       \> !\'key.asm \\*
                 \>                       \> !\'vio.asm \\*
                 \>                       \> sed.c  \\*
  ...
```

Sie erhalten damit diese Druckausgabe:

Modulname	*Funktion*	*setzt voraus*
...		
men.c	Menüsystem	str.c
		scr.c
		! key.asm
		! vio.asm
		sed.c

Der Abstand zwischen diesen Einschüben und dem eigentlichen Tabelleneintrag wird mit \tabbingsep in der Präambel festgelegt (z.B. \tabbingsep0.5cm).

Der Befehl \' setzt den folgenden Text rechtsbündig zum rechten Seitenrand. Die Eingabe von \' (Version 1.2) in der letzten Zeile der Tabelle bewirkt die Ausgabe von

(Version 1.2)

Die Befehle \', \' und \= dienen außerhalb von tabbing-Bereichen der Eingabe von Akzenten. Um auch hier Buchstaben mit Akzenten benutzen zu können, stellt man diesen ein a voran. Statt J\'{a}nos schreibt man also J\a'{a}nos, um János zu erhalten.

Bisweilen ist es nötig, innerhalb einer Tabelle einige Zeilen abweichend zu formatieren. LaTeX unterstützt dies mit den Befehlen \pushtabs und \poptabs. Mit \pushtabs speichern Sie eine Tabulatoreinstellung und heben sie zugleich auf. Sie können dann in den folgenden Zeilen neue Tabulatoren definieren und verwenden. Mit \poptabs reaktivieren Sie die erste Einstellung später wieder. Die beiden Befehle können geschachtelt werden. Im folgenden Beispiel wird innerhalb der Tabelle praktisch eine neue Tabelle definiert.

```
\begin{tabbing}
  \hspace{1cm}      \= \hspace{3cm} \= \hspace{4cm} \= \+ \kill
  \itshape Modulname \>\itshape Funktion \>\itshape setzt voraus\\*[0.2cm]
  ...
  scr.c              \> Bildschirmroutinen\> ./.\\*
  \pushtabs                                 % Tabulatoren sichern
  \hspace{3.5cm}\=\hspace{0.3cm}\= \kill
               \> Headerfiles:     \\*      % neue Tabs definieren
               \> \> scr.h         \\*
               \> \> color.h       \\*
  \poptabs                                  % alte Tabs restaurieren
  sed.c              \> Zeileneditor \> str.c   \\*
  \>                 \> scr.c              \\*
  ...
\end{tabbing}
```

LaTeX läßt die Tabelle folgendermaßen setzen:

Modulname	*Funktion*	*setzt voraus*
...		
scr.c	Bildschirmroutinen	./.
	Headerfiles:	
	scr.h	
	color.h	
sed.c	Zeileneditor	str.c
		scr.c
...		

12.2   Tabellen

12.2.1   Tabellen anlegen

Komplexere Tabellen werden in einen `tabular`-Bereich eingefaßt. Wenn Sie mit diesem Bereich arbeiten, geben Sie nicht mehr an, wie breit die Spalten zu sein haben (wie das bei der Verwendung von Tabulatoren zu tun ist) – die optimale Spaltenbreite wird von LaTeX ermittelt. Diese Tabellen unterscheiden sich in einem weiteren Punkt von den oben beschriebenen: Sie dürfen nicht länger als eine Seite sein.[1]

Dem `\begin{tabular}`-Befehl wird eine Zeichenkette mit Formatierungsanweisungen übergeben, die das Aussehen der Tabelle beschreiben. Wenn eine Tabelle z.B. drei Spalten enthalten soll, wobei der Inhalt der ersten rechtsbündig und der der übrigen linksbündig zu setzen ist, dann ist diese Tabelle folgendermaßen zu definieren:

```
\begin{tabular}{rll}
   ... % hier steht der Inhalt der Tabelle
\end{tabular}
```

In der Formatierungsanweisung definieren die Buchstaben r, l oder c die Ausrichtung des Textes in der jeweiligen Spalte: rechtsbündig, linksbündig oder zentriert. Die Anzahl der Buchstaben legt die Anzahl der Spalten fest. Wenn eine Tabelle aus mehreren Spalten mit der gleichen Ausrichtung bestehen soll, kann man die Formatierungsanweisung abkürzen.

```
\begin{tabular}{*{3}l}
```

ist gleichbedeutend mit

```
\begin{tabular}{lll}
```

---

[1]Das Problem wird durch das `longtable`-Paket gelöst, das auf Seite 119 vorgestellt wird.

Innerhalb der Tabelle werden die Spalten durch das Zeichen **&** getrennt. Die Zeilen der Tabelle werden mit **** beendet. Setzen Sie Tabellen stets mit einer Leerzeile vom umgebenden Text ab. Um sie gegenüber dem umgebenden Text auszurichten, benutzen Sie die Befehle für die Absatzformatierung (etwa **center** zum Zentrieren)[2]. Hier nun ein Beispiel für eine einfache Tabelle.

```
\begin{tabular}{rll}
  Nr.& Modul & Funktion \\
   1  & str.c & String-Operationen \\
   2  & scr.c & Bildschirmoperationen \\
   3  & sed.c & Zeileneditor \\
   4  & men.c & Men"usystem
\end{tabular}
```

Diese Tabelle wird folgendermaßen gesetzt:

Nr.	Modul	Funktion
1	str.c	String-Operationen
2	scr.c	Bildschirmoperationen
3	sed.c	Zeileneditor
4	men.c	Menüsystem

Sollen die Spalten durch vertikale Linien getrennt werden, ist zwischen die Kürzel für die Ausrichtung ein |-Zeichen einzugeben. Mit | | werden die Spalten durch eine doppelte Linie getrennt.

```
\begin{tabular}{r|l|l}
  Nr. & Modul & Funktion \\
   1  & str.c & String-Operationen \\
   ...
\end{tabular}
```

Dieser Text wird folgendermaßen ausgegeben:

Nr.	Modul	Funktion
1	str.c	String-Operationen
2	scr.c	Bildschirmoperationen
3	sed.c	Zeileneditor
4	men.c	Menüsystem

Um horizontale Linien einzuziehen, verwenden Sie die **\hline**-Anweisung. Dieses Kommando wird unmittelbar hinter der Zeilentrennung plaziert und bewirkt eine Ausgabe der Linie vor der nächsten Zeile.

---

[2]In diesem Teilkapitel wurden alle Tabellen zentriert.

```
\begin{tabular}{r|l|l}
 Nr. & Modul & Funktion \\\hline
  1  & str.c & String-Operationen \\
  2  & scr.c & Bildschirmoperationen \\
  3  & sed.c & Zeileneditor \\
  4  & men.c & Men"usystem
\end{tabular}
```

Eine doppelte horizontale Linie wird gezogen, wenn Sie `\hline` zweimal hintereinander eingeben. Soll über der ersten Zeile eine Linie gezogen werden, kann der Befehl vor dieser Zeile eingefügt werden.

Wie das nächste Beispiel zeigt, kann eine Tabelle mit den beschriebenen Befehlen vollständig eingerahmt werden. Die beiden Seiten werden gerahmt, indem der Formatierungsanweisung links und rechts ein | angefügt wird. Außerdem wird über der ersten und unter der letzten Zeile mit `\hline` eine Linie gezogen. Die Kopfzeile wird mit einer doppelten Linie (mit `\hline\hline`) abgesetzt. Es folgt der Eingabetext und dann die Druckausgabe.

```
\begin{tabular}{|r|l|l|}
  \hline
 Nr. & Modul & Funktion \\\hline\hline
  1  & str.c & String-Operationen \\\hline
  2  & scr.c & Bildschirmoperationen \\\hline
  3  & sed.c & Zeileneditor\\\hline
  4  & men.c & Men"usystem\\\hline
\end{tabular}
```

Nr.	Modul	Funktion
1	str.c	String-Operationen
2	scr.c	Bildschirmoperationen
3	sed.c	Zeileneditor
4	men.c	Menüsystem

Vertikale Trennlinien über die gesamte Höhe einer Zeile können Sie in einzelnen Tabellenzellen mit dem `\vline`-Kommando einziehen.

12.2.2 Zeichenformatierung in Tabellen

Formatierungen innerhalb der Tabelle wirken sich nur auf eine einzige Zelle aus. Wenn Sie z.B. den Text des Tabellenkopfes mit einer bestimmten Schriftart setzen lassen möchten, müssen Sie dort jeden Eintrag gesondert formatieren, wie der nächste Textauszug zeigt.

```
\begin{tabular}{|r|l|l|}
  \itshape Nr. &\itshape Modul &\itshape Funktion \\\hline\hline
  ...
```

12.2.3 Zusammenfassung von Spalten und Zeilen

Sie können innerhalb einer Tabellenzeile mehrere Spalten zu einer zusammenfassen.
Hierfür ist der \multicolumn-Befehl zu verwenden. Dem Befehl werden mehrere
Parameter übergeben: zunächst die Anzahl der Spalten, die zusammenzufassen sind,
dann ein Formatierungsmuster und schließlich der Inhalt dieser Spalte. Die drei
Parameter werden in drei geschweiften Klammern an \multicolumn angefügt. Hier
die Syntax dieses Befehls:

```
\multicolumn{AnzahlSpalten}{Format}{Text}
```

Die obige Tabelle soll jetzt mit einer durchgehenden Kopfzeile versehen werden.
Diese Kopfzeile wird LaTeX dafür als eine Spalte kenntlich gemacht, die sich über
die drei Spalten der übrigen Tabelle erstreckt. Als erster Parameter wird also eine
3 übergeben. Da die Kopfzeile zentriert und rechts und links gerahmt werden soll,
wird als Formatierungsanweisung die Zeichenkette |c| übergeben. Schließlich wird
der Text eingefügt. Die Spalte wird mit der \\-Anweisung beendet und mit einer
doppelten Linie (\hline\hline) von der Tabelle abgesetzt.

```
\begin{tabular}{|r|l|l|}
  \hline
  \multicolumn{3}{|c|}{Liste der Module}\\\hline\hline
  Nr. & Modul & Funktion \\\hline\hline
  1   & str.c & String-Operationen \\\hline
  ...
```

Man erhält damit folgendes Ergebnis:

Liste der Module		
Nr.	Modul	Funktion
1	str.c	String-Operationen
2	scr.c	Bildschirmoperationen
3	sed.c	Zeileneditor
4	men.c	Menüsystem

Diese zeilenweise verbreiterten Spalten müssen nicht zwingend die Breite aller anderen Spalten einnehmen, außerdem können sie in jeder Zeile der Tabelle eingefügt
werden. Im folgenden Beispiel erhalten die ersten beiden Spalten eine gemeinsame,
zentrierte Überschrift. Die Überschrift der dritten Spalte wird nach einem & hinter
der \multicolumn-Anweisung angefügt. Es folgt zunächst der Eingabetext, dann die
Druckausgabe.

```
\begin{tabular}{|rl|l|}
  \hline
  \multicolumn{2}{|c|}{Modul} & Funktion\\\hline\hline
```

	Modul	Funktion
1	bit.c	Bitoperationen
2	fio.c	Dateioperationen
3	mem.c	Speicheroperationen
4	str.c	String-Operationen

Wenn der Text einer Zelle bzw. Spalte für mehrere *Zeilen* einer gerahmten Tabelle gelten soll, wird das \cline-Kommando verwendet. In der folgenden Tabelle betreffen die Bezeichnungen in der Spalte „Gruppe" mehrere Zeilen.

Nr.	Modul	Funktion	Gruppe
1	bit.c	Bitoperationen	Basis-Module
2	str.c	String-Operationen	Basis-Module
3	mem.c	Speicheroperationen	
4	fio.c	Dateioperationen	IO-Funktionen
5	scr.c	Bildschirmop.	IO-Funktionen
6	men.c	Menüsystem	

Im Prinzip wird eine Tabelle dieser Art eingegeben wie jede andere auch. Zellen, die keinen Text enthalten sollen, werden einfach leer gelassen. Texte wie „IO-Funktionen" werden in der gewünschten Zeile plaziert. Bleibt das Problem der Linien. Betrachten Sie z.B. einmal die zweite und dritte Zeile der Tabelle. Die Besonderheit ist hier, daß die horizontale Linie lediglich von der ersten bis zur dritten Spalte reicht. Das erreichen Sie mit \cline. Diesem Befehl wird als Parameter übergeben, von welcher Spalte und bis zur welcher Spalte eine horizontale Linie zu ziehen ist. Hier die Syntax:

```
\cline{vonSpalte-bisSpalte}
```

Der \cline-Befehl wird an der gleichen Stelle eingefügt wie \hline. Hier nun der Eingabetext der obigen Tabelle.

```
\begin{tabular}{|r|l|l|c|}
  \hline
  Nr.& Modul & Funktion                & Gruppe \\\hline\hline
   1 & bit.c & Bitoperationen          & Basis- \\\cline{1-3}
   2 & str.c & String-Operationen      & Module \\\cline{1-3}
   3 & mem.c & Speicheroperationen     &        \\\hline
   4 & fio.c & Dateioperationen        &        \\\cline{1-3}
   5 & scr.c & Bildschirmop.           & IO-Funktionen\\\cline{1-3}
   6 & men.c & Men"usystem             &        \\\hline
\end{tabular}
```

Wenn solche großen Tabellenzellen längere Kommentare o.ä. enthalten sollen, ist die Eingabe in der beschriebenen Art etwas mühsam. In diesem Fall ist es einfacher, LaTeX anzuweisen, den Text in der betreffenden Spalte mit einer bestimmten Breite zu umbrechen. Hierfür wird die Formatierungsanweisung modifiziert. Statt des Parameters l für den linksbündigen Satz der Spalte, fügt man ein p, und in geschweiften Klammern die gewünschte Textbreite ein. Durch die folgende Formatierungsanweisung wird der Inhalt der letzten Spalte als fünf Zentimeter breiter Block gesetzt.

```
\begin{tabular}{|r|l|l|p{5cm}|}
   ...
```

Um diese Tabelle zu erhalten,

Liste der Module			
Nr.	Modul	Funktion	Beispiele
1	str.c	String-Operationen	upper, lower, insert, soundex, ltrim, rtrim, untrim, strbeg ...
2	scr.c	Bildschirmoperationen	wrstr, wrint, clreol, gotoxy, wherex, wherey, cursoff, curson, graphmode, cls ...
3	sed.c	Zeileneditor	...
4	men.c	Menüsystem	...

ist der folgende Text einzugeben. Beachten Sie, daß die Einrückungen des Inhalts der letzten Spalte allein der Übersichtlichkeit dienen, für LaTeX haben Sie keine Bedeutung.

```
\begin{center}    % zentriert
  \begin{small}    % eine etwas kleinere Schrift
    \begin{tabular}{|r|l|l|p{5cm}|}
      \hline
      \multicolumn{4}{|c|}{Liste der Module}    \\\hline\hline
      Nr. & Modul & Funktion        & Beispiele\\\hline\hline
      1    & str.c & String-Operationen&
                  upper, lower, insert, soundex,
                  ltrim, rtrim, untrim, strbeg \dots\\\hline
      2    & scr.c & Bildschirmoperationen &
                  wrstr, wrint, clreol, gotoxy, wherex,
                  wherey, cursoff, curson,
                  graphmode, cls \dots    \\\hline
      3    & sed.c & Zeileneditor    & \dots \\\hline
      4    & men.c & Men"usystem    & \dots \\\hline
    \end{tabular}
  \end{small}
\end{center}
```

Soll in solchen Kommentarspalten ein Zeilenumbruch erzwungen werden, benutzen Sie den Befehl `\newline`. Möchten Sie den Inhalt im linksbündigen Flattersatz ausgeben, leiten Sie den Inhalt der Zelle mit `\raggedright` ein und beenden Sie ihn mit `\tabularnewline` anstelle von `\\`.

12.2.4 Dezimaltabulatoren

Die korrekte Ausrichtung von Dezimalzahlen in einer Tabelle ist eine etwas umständliche Angelegenheit.

Es besteht die Möglichkeit, in die Formatierungsanweisung eine weitere Anweisung aufzunehmen: einem @ folgen in geschweiften Klammern ein oder mehrere Zeichen, die dann in *jeder* Zeile zwischen die Spalte links und rechts von diesem Kommando eingefügt werden. Der Inhalt der gesamten Spalte wird also bereits in der Formatierungsanweisung festgelegt. Hier zunächst ein sehr einfaches Beispiel. In der Tabelle steht zwischen der ersten und der zweiten linksbündigen Spalte jeweils ein Spiegelstrich.

scr.c — Bildschirmroutinen
men.c — Menüsystem

Im Eingabetext wird eine linksbündig gesetzte Spalte vereinbart, dann mit der Anweisung `@{ --- }` der Spiegelstrich eingeschoben. Schließlich folgt eine weitere, linksbündig gesetzte Spalte:

```
\begin{tabular}{l@{ --- }l}
  scr.c & Bildschirmroutinen \\
  men.c & Men"usystem \\
\end{tabular}
```

Beachten Sie, wie die Tabellenzeilen eingegeben wurden. Weder der Spiegelstrich taucht dort noch einmal auf, noch wurde mit & eine separate Spalte für diesen eingesetzt. LaTeX ersetzt den Zwischenraum, der sich sonst zwischen zwei Spalten befindet, selbständig durch den mit `@{...}` eingefügten Text. Das betrifft im übrigen auch vertikale Linien, die von solchen Texten verdrängt werden.

Will man Dezimalzahlen in einer Tabelle setzen, teilt man sie in zwei Spalten auf, eine rechts- und eine linksbündige, zwischen die mit der `@{...}`-Anweisung ein Dezimalpunkt (oder -komma) eingeschoben wird. Das zeigt die nächste Tabelle. Mit dem gleichen Verfahren wurde dort der letzten Spalte eine weitere mit dem Inhalt „DM" angefügt. Beachten Sie, daß eventuell gewünschte Leerräume hier explizit einzugeben sind, deshalb wurde nicht `@{DM}` sondern `@{ DM}` geschrieben.

C-Compiler   1024.95 DM
Editor   128.50 DM
Lint   316.95 DM

Hier der dazugehörige Eingabetext:

```
\begin{tabular}{lr@{.}l@{ DM}}
  C-Compiler    & 1024 & 95      \\
  Editor        & 128 & 50       \\
  Lint          & 316 & 95       \\
\end{tabular}
```

Wenn eine Überschrift mehrere solcher Spalten abdecken soll (wie in der folgenden Tabelle über den Preisen), muß sie mit einer \multicolumn-Anweisung über all diese Spalten erweitert werden.

Programm	Version	Preis
C-Compiler	6.00A	1024.95 DM
Editor	2.1	128.50 DM
Lint	11.2	316.95 DM

Es folgt der einzugebende Text.

```
\begin{tabular}{l|l|r@{.}r@{ DM }}
  Programm      & Version &\multicolumn{2}{c}{Preis} \\\hline
  C-Compiler    & 6.00A   & 1024 & 95      \\
  Editor        & 2.1     & 128 & 50       \\
  Lint          & 11.2    & 316 & 95.      \\
\end{tabular}
```

Soll der mit @{...} eingefügte Text von größeren Leerräumen umgeben werden, können Sie diese mit der \hspace-Anweisung einfügen. Auf diese Weise lassen sich die Spalten auch auseinanderrücken. Dafür wird dann nur eine \hspace-Anweisung in die geschweiften Klammern gesetzt.

12.2.5 Weitere Formatierungsmöglichkeiten

Mit dem Befehl \arrayrulewidth, direkt gefolgt von einer Maßangabe, kann die Breite der mit | erzeugten Linien variiert werden. Mit \doublerulesep wird der Abstand zwischen doppelten Linien verändert. Auch diesem Befehl wird die Maßangabe direkt angehängt. Der Zeilenabstand wird manipuliert, indem der interne Platzhalter \arraystretch mit einer \renewcommand-Anweisung vergrößert oder verkleinert wird (vgl. auch Kapitel 4.5).

Den Abstand zwischen den Spalten verändern Sie mit dem \tabcolsep-Kommando, dem ebenfalls direkt eine Maßangabe angehängt wird. Der von Ihnen angegebene Wert wird rechts von einer Spalte und dann noch einmal links vor der nächsten eingeschoben.

Wenn eine Tabelle mit \tabular erzeugt wird, ermittelt LaTeX die optimale Breite der Tabelle. Mit der Modifikation des Befehls durch * haben Sie die Möglichkeit, die Breite der Tabelle selbst zu bestimmen. In diesem Fall ist als weiterer Parameter die Breite anzugeben. Außerdem muß dem ersten Buchstaben in der Formatierungsanweisung das Kommando `@{\extracolsep\fill}` folgen, damit die Spalten korrekt positioniert werden. Der folgende Textauszug zeigt eine solche Tabellendefinition. Die Tabelle wird mit einer Breite von 12 Zentimetern gesetzt. Sie enthält eine linksbündige und zwei zentrierte Spalten.

```
\begin{tabular*}{12cm}{l@{\extracolsep\fill}cc}
  ...
\end{tabular*}
```

Das `tabularx`-Paket

Das `tabularx`-Paket von David Carlisle stellt einen gleichnamigen Bereich zur Verfügung, der sich ähnlich wie der `tabular*`-Bereich verhält. Auch hier können Sie die Breite einer Tabelle explizit vorgeben. Allerdings definieren Sie mit einem Formatierungszeichen X, *welche* Spalte so gedehnt werden kann, daß die gewünschte Tabellenbreite erreicht wird.

```
\begin{tabularx}{10cm}{|c|X|c|}
```

definiert eine dreispaltige, zehn Zentimeter breite Tabelle, deren mittlere Spalte so weit wie nötig gedehnt werden kann. Die Breite der beiden anderen Spalten hängt von deren Inhalt ab. Formatierungsanweisungen können mit `>{format}` einem Zeichen wie X vorangestellt werden. Im folgenden Beispiel wird der Inhalt der ersten Spalte fett, der der zweiten Spalte kursiv gesetzt:

```
\begin{tabularx}{10cm}{|>{\bfseries}c|>{\itshape}X|c|}
```

Auf diese Weise kann auch die Ausrichtung des Textes festgelegt werden. Den bekannten Befehlen `\raggedright`, `\raggedleft` oder `\centering`[3] soll aber ein `\arraybackslash` angehängt werden. Um eine Textspalte linksbündig zu setzen, wäre eine solche Definition notwendig:

```
\begin{tabularx}{10cm}{|c|>{\raggedright\arraybackslash}X|c|}
```

Bei komplexeren Tabellen wird diese Zeile schnell unlesbar und vor allem viel zu lang. Dann empfiehlt es sich, einen neuen Spaltentyp zu definieren. Dazu wird mit `\newcolumntype` ein neues Formatierungszeichen vereinbart und dann die Befehlssequenz hinterlegt die es repräsentiert. Im folgenden Quelltextauszug wird ein Zeichen L vereinbart, das dann den linksbündigen und kursiven Satz des Textes in der mittleren Tabellenspalte bewirkt.

---

[3]vgl. Kapitel 4.1.

```
\newcolumntype{L}{>{\itshape\raggedright\arraybackslash}X}
\begin{tabularx}{10cm}{|c|L|c|}
...
\end{tabularx}
```

Existieren mehrere dehnbare Spalten in einer Tabelle, werden sie stets in der gleichen Breite erzeugt. Allerdings lässt sich mit einer `>{format}`-Anweisung auch die Spaltenbreite manipulieren. Mit der Definition

```
\begin{tabularx}{10cm}%
    {|>{\setlength{\hsize}{3cm}}X|>{\setlength{\hsize}{7cm}}X|}
```

wird eine Tabelle angelegt, deren Spalten drei und sieben Zentimeter breit sind. Achten Sie darauf, daß die Summe der Spaltenbreiten mit der von Ihnen vorgegebenen Tabellenbreite identisch ist. Mit zwei Einschränkungen muß man sich abfinden, sobald man die Spaltenbreite selbst vorgibt: Das `\multicolumn`-Kommando sollte nicht mehr verwendet werden, und es gibt Probleme mit horizontalen Linien, die dann nicht mehr korrekt gezogen werden.

Das array-Paket

Mit Hilfe des `array`-Paketes von Frank Mittelbach lassen sich insbesondere Tabellen mit mehrzeiligen Zellen schöner gestalten. `array` erlaubt, die Breite einer Spalte vorzugeben. Dafür wird den alternativen vertikalen Ausrichtungsparametern p,b oder m die Breite der Spalte angehängt. Die Parameter selbst definieren, wo der Text in einer Zelle plaziert wird (mittig mit m, am oberen Rand mit p oder am unteren Rand mit b). Hier ein Beispiel, bei dem die zweite Spalte mit einer Breite von fünf Zentimetern definiert wird:

```
\begin{tabular}{|r|m{5cm}|l|}
Nr.& Modul & Funktion \\\hline
...
```

In der Definitionszeile einer Tabelle können Sie Vorgaben für Befehle machen, die in jeder Zelle einer Spalte ausgeführt werden sollen. Hierfür wird vor dem Parameter, der die Ausrichtung der Spalteneinträge bestimmt, mit der Syntax `>{Befehl}` z.B. die Zeichenformatierung definiert. In der folgenden Tabelle erscheinen die Inhalte der zweiten Spalte kursiv:

```
\begin{tabular}{|r| >{\itshape}l|l|}
\hline
Nr.& Modul & Funktion \\\hline
...
```

Mit dem gezeigten Verfahren wird eine Anweisung vor jedem Eintrag einer Zelle plaziert, mit dem `<{Befehl}` kann einer Ausrichtungsangabe ein Befehl nachgestellt werden, der dementsprechend auch nach der Ausgabe des jeweiligen Textes zur Ausführung kommt.

Der folgende Quelltextauszug zeigt, wie der Zelleninhalt einer mehrzeiligen Zelle zentriert und kursiv gesetzt werden kann:

```
\begin{tabular}{|r||> {\centering\itshape}m{5cm}||l|}
...
```

Das etwas übertriebene Beispiel zeigt zudem, wie mit || doppelte Trennlinien zwischen Spalten eingerichtet werden können.

Das `hhline`-Paket

Das `hhline`-Paket von David Carlisle ergänzt mit dem `\hhline`-Kommando die Möglichkeiten zur Gestaltung der Linien einer Tabelle. Der Befehl erhält als Parameter eine Beschreibung der gewünschten Linien in Form einer Kombination einzelner, primitiver Bausteine. Die Tabelle zeigt eine Liste dieser Bausteine:

Symbol	Funktion
=	Eine doppelte horizontale Linie in der Breite der Spalte
-	Eine einfache horizontale Linie in der Breite der Spalte
~	Unterbricht die horizontale Linie in dieser Spalte
|	Eine vertikale Linie, die eine kreuzende horizontale Linie überschreibt
:	Eine vertikale Linie, die eine kreuzende horizontale Linie nicht überschreibt. Wird zur Koppplung horizontaler und vertikaler Linien verwendet
#	Ein Element, das zwei sich kreuzende Linien verbindet
t	Das geschlossene Oberteil einer doppelten Linie
b	Das geschlossene Unterteil einer doppelten Linie

`hhline`-Parameter

`\hhline`-Befehle werden vor den Zeilen der Tabelle eingefügt. Denken Sie bei der Montage einer solchen Tabelle am besten an eine Konstruktion aus *Lego*-Bausteinen. So besteht die linke obere Ecke einer doppelten Umrandung aus einem vertikalen Element (|), dann aus einem verschlossenen Oberteil einer doppelten Linie (t). Dem schließt sich ein doppeltes horizontales Element an, das mit seiner Unterseite aber nicht in den eigentlichen Rahmen ragen darf, deswegen folgt ein :-Symbol. Nun erst folgt mit = die massive doppelte Linie über die Breite der Spalte. Am Ende dieser ersten Spalte wird dann eine neue Konstruktion aus solchen Einzelteilen angekoppelt. Der nächste Quelltext soll das verdeutlichen. Das Ergebnis ist auf der rechten Seite zu sehen.

```
\begin{tabular}{||r|||l|||l|||}
  \hhline{|t:=:t:=:t:=:t|}
  Nr.& Modul & Funktion\\
  \hhline{|:=::=::=:|}
  1 & scr.c & Bildschirmop.\\
  \hhline{|:=#=#=:|}
  2 & sed.c & Zeileneditor\\
  \hhline{|b:=:b:=:b:=:b|}
\end{tabular}
```

Nr.	Modul	Funktion
1	scr.c	Bildschirmop.
2	sed.c	Zeileneditor

12.2.6 Bewegliche Tabellen

Wenn LaTeX eine Tabelle nicht mehr auf einer Seite unterbringen kann, wird sie komplett auf die nächste Seite „geschoben", der Rest der aktuellen Seite bleibt leer. In einem Text mit vielen größeren Tabellen sieht das nicht besonders gut aus.

LaTeX bietet Ihnen deshalb die Möglichkeit, Tabellen als beweglich zu kennzeichnen. Diese Tabellen werden dann nicht zwingend an die Stelle gesetzt, in der sie im Eingabetext auftauchen, sondern bei Bedarf so verschoben, daß die Seitengestaltung möglichst harmonisch wirkt.

Dafür muß jede Tabelle in einen Bereich **table** eingefaßt werden. Dieser enthält zunächst einen optionalen Titel, dann die Tabelle selbst und schließlich einen ebenfalls optionalen Untertitel. Im folgenden Eingabetext wird eine Tabelle als beweglich deklariert. Sie wird außerdem mit dem Titel „Verzeichnis der Module" und dem Untertitel *„Version 1.0"* versehen. Zwischen Titel und Tabelle wird mit **\smallskip** ein kleiner zusätzlicher Zwischenraum eingeschoben.

```
\begin{table}                                % eine bewegliche Tabelle
  \begin{center}                             % zentriert
    {\bfseries Verzeichnis der Module} % Titel (fett)
    \smallskip                               % etwas Abstand

    \begin{tabular}{|r|l|l|c|}              % die eigentliche
      \hline                                 % Tabelle
      Nr.& Modul & Funktion                  & Gruppe \\\hline\hline
      1  & bit.c & Bitoperationen            & Basis- \\\cline{1-3}
      ...
    \end{tabular}

    {\small \itshape (Version 1.0)}     % Untertitel (klein)
  \end{center}
\end{table}
```

Wird der **\begin{table}**-Sequenz der optionale Parameter [h] angefügt, wird die Tabelle möglichst an der Stelle ausgedruckt, in der sie im Eingabetext erscheint. Mit der Option [t] wird sie an einem Seitenanfang, mit [b] an einem Seitenende plaziert. Der Parameter [p] bewirkt eine Ausgabe der beweglichen Tabellen auf einer eigenen Seite. Die Parameter können kombiniert werden (z.B. zu [ht]). Dadurch lassen sich LaTeX mehrere Möglichkeiten vorgeben. Wird kein optionaler Parameter angegeben, setzt LaTeX intern die Kombination [tbp] ein. Wenn eine angegebene Positionierungsoption nicht das gewünschte Ergebnis bringt, versuchen Sie die Plazierung durch die Kombination mit einem ! (also z.B. [!h]) zu erzwingen. Das \supressfloats-Kommando unterdrückt die Positionierung weiterer Tabellen auf der aktuellen Seite.

Bewegliche Tabellen können unter Umständen von LaTeX an den Seitenbeginn *vor* der eigentlichen Eingabestelle im Text geschoben werden. Besonders wenn man sich im Text auf die Tabelle bezieht, kann das unschön wirken. Bindet man das Paket **flafter** von Frank Mittelbach ein, wird verhindert, daß eine Tabelle vor ihrer eigentlichen Position im Text erscheint.

Die Befehlsmodifikation mit * bewirkt beim zweispaltigen Satz die Ausgabe einer Tabelle über zwei Spalten hinweg. Die oben erwähnten Optionen h und b sind dann nicht verfügbar.

Das \clearpage-Kommando schließt eine Seite mit einem Umbruch ab und ist insofern mit dem \newpage-Befehl vergleichbar. Allerdings bewirkt \clearpage, daß alle beweglichen und noch nicht gedruckten Tabellen umgehend ausgegeben (und keinesfalls weitergeschoben) werden. Beim doppelseitigen Druck bewirkt \cleardoublepage dasselbe. Jedoch beginnt der folgende Text auf jeden Fall auf einer ungeraden, also rechten Seite.

Unter Umständen können sich bewegliche Tabellen im Speicher ansammeln, weil es LaTeX nicht gelingt, ein solches Objekt gemäß den Positionierungsparametern zu plazieren. LaTeX hält dann diese und noch folgende Tabellen im Speicher, um spätestens am Kapitelende alle Tabellen auszudrucken. Das kann zu einem Speicherproblem führen, das Sie zunächst dadurch zu beheben versuchen können, daß Sie die Positionierungsangaben so kombinieren, daß LaTeX die Plazierung leichter fällt. Andernfalls wird \clearpage eingesetzt, um die Ausgabe zu erzwingen. Das hat freilich den Nachteil, daß die Seite damit wirklich abgeschlossen wird, d.h. auch kein weiterer Text mehr ausgegeben wird. Wenn dieser Effekt stört, sollte das Paket **afterpage** von David Carlisle geladen werden. Es stellt den Befehl **afterpage** zur Verfügung, der die Ausführung des als Parameter übergebenen Befehls nach der Bearbeitung der aktuellen Seite bewirkt. Somit kann \afterpage{\clearpage} verwendet werden, um die Seite zunächst weiter mit Text aufzufüllen und auf der folgenden Seite die aufgelaufenen beweglichen Tabellen auszudrucken.

12.2.7 Tabellenverzeichnisse

Treten im Text mehrere bewegliche Tabellen auf, auf die auch verwiesen werden soll, sollten diese numeriert werden. Dies geschieht automatisch mit dem `\caption`-Befehl, dem als Parameter der Titel der Tabelle übergeben wird. Optional kann als weiterer Parameter ein knapperer Titel angegeben werden, unter dem die Tabelle im Tabellenverzeichnis geführt werden soll. Das Kommando ist folgendermaßen einzugeben (vgl. hierzu den Quelltext auf Seite 118):

```
\caption[Kurztitel]{Titel}
```

Je nachdem, wo Sie die `\caption`-Anweisung plazieren, ob über oder unter der Tabelle, erzeugt LaTeX daraus einen Titel oder einen Untertitel. Ist der Titel kürzer als eine Zeile, wird er zentriert. Die Tabellen werden kapitelweise durchnumeriert:

5	scr.c	Bildschirmop.	IO-Funktionen
6	men.c	Menüsystem	

Tabelle 12.1: Verzeichnis der Module

Ein Verzeichnis der Tabellen wird mit dem Befehl `\listoftables` (z.B. nach dem Inhaltsverzeichnis) ausgegeben. Tabellen, die nicht als beweglich deklariert wurden, können Sie ebenfalls in das Tabellenverzeichnis aufnehmen. Das gilt für Tabellen, die mit Hilfe von Tabulatoren aufgebaut wurden, und solche, die mit einem `tabular`-Bereich erzeugt wurden. Allerdings muß das „von Hand" mit dem Kommando `\addcontentsline` geschehen. Hier die Befehlssyntax:

```
\addcontentsline{lot}{table}{Tabellenbezeichnung}
```

Um eine Tabelle unter dem Titel „Module" im Tabellenverzeichnis erscheinen zu lassen, stellen Sie ihr folgende Zeile voran:

```
\addcontentsline{lot}{table}{Module}
```

Damit wird der Hilfsdatei für die Tabellenliste mit der Extension `.lot` ein (nicht numerierter) Eintrag „Module" zugefügt.

Tabellenbereiche

Bei wissenschaftlichen Arbeiten wird bisweilen verlangt, daß Tabellen und Grafiken am Ende des Textes erscheinen. Das Paket **endfloat** von James Darrell McCauley und Jeff Goldberg sammelt Tabellen (und bewegliche Grafiken) am Ende des Dokumentes in einem eigenen Bereich, dem ein Tabellenverzeichnis vorangestellt wird. Dies wird erreicht, wenn Sie die folgenden Kommandos in die Präambel aufnehmen.

```
\usepackage{endfloat}
\nomarkersintext
```

Mit dem zweiten Befehl wird verhindert, daß im Text angezeigt wird, an welcher Stelle die Tabelle normalerweise stünde. Mit `\notablist` bzw. `\nofiglist` wird in der Präambel die Ausgabe von Tabellen- bzw. Abbildungsverzeichnissen unterdrückt. In diesem Fall sollten Sie mit

```
\renewcommand{\tablesection}{Tabellen}
\renewcommand{\figuresection}{Abbildungen}
```

deutsche Überschriften für die Tabellen- und Abbildungsbereiche definieren. **endfloat** kennt noch zahlreiche andere Optionen, weswegen Sie einen Blick in die Dokumentation des Paketes werfen sollten.

12.2.8 Bezüge auf Tabellen

Um sich auf eine Tabelle im Text beziehen zu können, fügen Sie die `\label`-Anweisung in die Tabelle ein. Mit `\pageref` können Sie sich dann auf die Seitenzahl der Tabelle beziehen. Der Bezug auf die Nummer einer beweglichen Tabelle wird möglich, wenn Sie *in* die `\caption`-Anweisung eine `\label`-Anweisung einfügen. Im folgenden Eingabetext erhält die Tabelle die numerierte Unterzeile „Verzeichnis der Module“. Im Verzeichnis der Tabellen wird sie mit dem knapperen Titel „Modulverzeichnis“ geführt. Außerdem wird ein **label** „mod“ deklariert. Auf einen zusätzlichen Titel und Untertitel wurde verzichtet.

```
\begin{table}                    % eine bewegliche Tabelle
  \begin{center}

    \begin{tabular}{|r|l|l|c|}
    \hline
    Nr.& Modul & Funktion            & Gruppe \\\hline\hline
     1 & bit.c & Bitoperationen      & Basis- \\\cline{1-3}
     2 & str.c & String-Operationen  & Module \\\cline{1-3}
     3 & mem.c & Speicheroperationen &        \\\hline
     4 & fio.c & Dateioperationen    &        \\\cline{1-3}
     5 & scr.c & Bildschirmop.       & IO-Funktionen\\\cline{1-3}
     6 & men.c & Men"usystem         &        \\\hline
    \end{tabular}

  \end{center}
  \caption[Modulverzeichnis]{Verzeichnis der Module\label{mod}}
\end{table}
```

Im Text kann sich nun auf die Seitenzahl und auf die Tabellennummer bezogen werden. Wie das geht, zeigt der nächste Textausschnitt.

```
Die Module sind in Tabelle \ref{mod} auf Seite \pageref{mod}
aufgef"uhrt ...
```

12.2.9 Mehrseitige Tabellen

Das `longtable`-Paket von David Carlisle gestattet den Satz von Tabellen, die länger
sind als eine Seite. Zunächst ist das *package* in der Präambel zu laden:

```
\usepackage{longtble} % laden von longtable unter DOS
...                    % bei anderen Systemen kann die
                       % Datei longtable heissen
\begin{document}
...
```

Die Tabelle selbst wird angelegt, wie oben gezeigt; nur heißt der Bereich nun
`longtable` und nicht `tabular`:

```
\begin{longtable}{|r|l|l|}
...
\end{longtable}
```

Dies genügt im Prinzip, um eine sehr lange Tabelle zu setzen. Aus Gründen der
Lesbarkeit sollte sie allerdings mit einer Spaltenüberschrift versehen werden, die in
der ersten Zeile jeder Seite wiederholt wird. Benutzen Sie hierfür den `\endhead`-
Befehl, der am Ende der Tabellenkopfzeile plaziert wird:

```
\begin{longtable}{|r|l|l|}
  \hline
  Nr. & Modul & Funktion \\\hline\hline\endhead
  ...
```

Wenn Sie Ihren Text von LATEX bearbeiten lassen und sich dann mit dem *Previewer* betrachten, werden Sie wahrscheinlich feststellen, daß diese Kopfzeile etwas zu
schmal geraten ist. Das liegt an der Art und Weise, wie das Zusatzpacket `longtable`
Tabellenbreiten verwaltet. In dem Moment, in dem Ihr Text soweit ist, daß er gedruckt werden kann, fügen Sie in der Präambel den Befehl `\setlongtables` ein:

```
\usepackage{longtble}
\setlongtables
...
```

Die Kopfzeile wird nun korrekt gesetzt; lassen Sie den Text dafür ggf. *zweimal* bearbeiten. Die Breite Ihrer Tabelle wird dabei in der `.aux`-Datei (einer internen TEX-
Hilfsdatei) gespeichert, und das System wird künftig auf diesen Eintrag zurückgreifen. Wenn Sie nun Ihre Tabelle so ändern, daß sie insgesamt breiter oder schmaler

wird, müssen Sie diese Datei löschen[4] oder den `\setlongtables`-Eintrag auskommentieren, um Ihre Datei anschließend *zweimal* von LaTeX bearbeiten zu lassen.
Tabellen, die sich über mehrere Seiten erstrecken, können mit unterschiedlichen Kopfzeilen für die erste und die dann folgenden Seiten versehen werden. Das nächste Beispiel zeigt die Verwendung des `\endfirsthead`-Befehls, der eine Zeile als Kopfzeile für die erste Seite markiert. Das Beispiel zeigt weiter, wie der Befehl `\endfoot` zu verwenden ist, um in der letzten Zeile jeder Seite das Systemdatum auszugeben. `\endlastfoot` wird benutzt, um in der letzten Zeile auf der letzten Seite der Tabelle einen Copyright-Vermerk unterzubringen. Und schließlich zeigt der folgende Quelltext auch, wie Zeichenformatierungen so angebracht werden können, daß sich die Kopfzeilen gut sichtbar abheben:

```
\begin{longtable}{|r|l|l|}
  \hline\multicolumn{3}{|c|}{\Large Liste der Module}\\\hline\endfirsthead
    % Erste Zeile auf der ersten Seite  (in grossen Lettern)
  \hline\textbf{Nr.}&\textbf{Modul} & \textbf{Funktion}\\\hline\endhead
    % erste Zeile auf jeder folgenden Seite (fett gesetzt)
  \multicolumn{3}{|c|}{Liste der Module \today }\\\hline\endfoot
    % letzte Zeile auf jeder Seite (bis auf die letzte)
  \multicolumn{3}{|c|}{\copyright\ Feinbein GmbH }\\\hline\endlastfoot
    % letzte Zeile auf der letzten Seite
  1 & scr.c & Bildschirmoperationen \\\hline % erste Zeile
  ...
```

Tabellenüberschriften und die entsprechenden Einträge im Tabellenverzeichnis erhalten Sie mit dem `\caption`-Befehl, der z.B. folgendermaßen einzufügen ist:

```
      ...
    \caption{Lange Tabelle}\\
  \end{longtable}
```

Achten Sie bitte auf die Eingabe der beiden *backslashes* am Ende dieser Zeile. Dieser Eintrag erzeugt, soweit `\endlastfoot` nicht verwendet wird, eine Titelzeile am Ende der Tabelle und den dazugehörigen Eintrag im Verzeichnis. Die `\caption*`-Variante verhindert das Erscheinen des Eintrages im Verzeichnis.
Die Position einer mit `longtable` gesetzten Tabelle auf der Seite kann mit einem optionalen Parameter bestimmt werden. In der folgenden Zeile

```
    \begin{longtable}[l]{|r|l|l|}
      ...
```

wird die Tabelle links auf der Seite gesetzt. Alternativ wären hier `r` und `c` für eine Positionierung auf der rechten Seite oder eine Zentrierung möglich gewesen.

---

[4]Die `.aux`-Datei trägt den gleichen Namen wie Ihre Textdatei: für `text.tex` heißt sie `text.aux`.

Speicherprobleme bei mehrseitigen Tabellen

Wenn Sie umfangreiche, mit `longtable` erzeugte Tabellen als *beweglich* deklarieren, kann es – wegen der Größe einer solchen Tabelle – zu Speicherproblemen kommen. In diesem Fall sollte Ihre lange Tabelle in einer separaten Datei abgelegt werden, die dann mit folgender Konstruktion eingelesen wird:

```
\afterpage{\clearpage\input{Datei}}
```

wobei `Datei` durch den entsprechenden Dateinamen zu ersetzen ist. Der `\input`-Befehl wird in Kapitel 16 beschrieben, `\afterpage` stammt aus dem oben erwähnten **afterpage**-Paket. Das abgedruckte Kommando bewirkt, daß die aktuelle Seite zunächst mit Text aufgefüllt, dannach eventuell aufgestaute bewegliche Objekte ausgegeben und dann schließlich die große Tabelle gedruckt wird.

Kapitel 13

Formelsatz

> *Der Formelsatz ist eine der Stärken des LaTeX-Systems. Lamports Makropaket wurde nicht zuletzt dadurch berühmt, daß sich selbst komplexeste mathematische Formeln auf unkomplizierte Weise in die Texte einfügen lassen.*

Mathematische Formeln verarbeitet LaTeX auf einer anderen Funktionsebene als reinen Text. Die in diesem Kapitel beschriebenen Kommandos gelten, soweit nichts anderes gesagt wird, auch nur auf dieser Ebene, dem *math-mode*.

Sobald Sie eine Formel eingeben, müssen Sie aus dem *text-mode* in den *math-mode* wechseln. Bei der Eingabe von Formeln ist zu unterscheiden, ob die Formel Teil des Textes sein, oder von diesem abgesetzt ausgegeben werden soll.

13.1 Formeln im Text

Eine Formel, die innerhalb des Textes erscheinen soll, wie z.B. $a = \sqrt{b^2 + c^2}$, kann auf verschiedene Weise kenntlich gemacht werden. Sie können Ihre Formel in einem Bereich `math` eingeben, d.h. mit `\begin{math}` einleiten und mit `\end{math}` abschließen. Beginn und Ende einer Formel können LaTeX auch mit `\(` und `\)` angezeigt werden, oder noch kürzer, indem man die Formel in zwei `$` einfaßt.

Eine Formel $a = b + c$, die innerhalb eines Textes auftreten soll, läßt sich demnach in drei Varianten eingeben. Das Druckergebnis ist identisch.

```
Das ist eine Formel:\begin{math} a = b + c \end{math} ...
Das ist eine Formel:$a = b + c$ ...
Das ist eine Formel:\(a = b + c\) ...
```

Formeln werden in der Schriftart *math-italic* gesetzt, die sich von der Schrift *italic* unterscheidet. Wenn Sie sich in Ihrem Text auf eine Variable einer Formel wie v beziehen, sollten Sie sie als Formel eingeben, um eine Einheitlichkeit der Schriftart zu erzielen.

Leerzeichen im Eingabetext einer Formel werden ignoriert – die korrekten Abstände zwischen ihren Elementen werden von LaTeX ermittelt. Lange Formeln können von LaTeX am Zeilenende automatisch umbrochen werden. Beachten Sie bitte, daß eine Formel nie einen kompletten Satz oder Absatz bilden soll und daß ein Satz nicht mit einer Formel beginnen soll.

13.2   Abgesetzte Formeln

Längere Formeln wirken lesbarer, wenn sie vom übrigen Text abgesetzt werden, wie die Formel

$$a = \sqrt{b^2 + c^2}$$

Geben Sie eine abgesetzte Formel in einen Bereich `displaymath` ein, oder verwenden Sie die Kurzform `\[ ... \]`. Die obige Formel wurde folgendermaßen eingegeben (die verwendeten Befehle werden später erläutert):

```
...werden, wie die Formel
\begin{displaymath}
  a=\sqrt{b^{2}+c^{2}}
\end{displaymath}
Geben Sie eine abgesetzte Formel ...
```

Beachten Sie, daß eine abgesetzte Formel keinen Absatz einleiten soll und auch keinen eigenen Absatz darstellen soll – vor einer abgesetzten Formel darf demnach keine Leerzeile stehen. Lange abgesetzte Formeln werden von LaTeX nicht umbrochen.

Abgesetzte Formeln werden normalerweise zentriert ausgegeben. Wie im Kapitel über die Dokumentenformatierung (Seite 53) bereits erwähnt, können Sie dies in der `\documentclass`-Anweisung mit dem Parameter `fleqn` ändern. Mit der folgenden Anweisung wird für das gesamte Dokument festgelegt, daß abgesetzte Formeln linksbündig gesetzt werden:

```
\documentclass[11pt,fleqn]{book}
```

Der Einzug einer Formel kann dann mit dem `\mathindent`-Kommando bestimmt werden. Ab der Anweisung `\mathindent1cm` werden alle Formeln um einen Zentimeter eingerückt. Das Kommando wirkt bis zum Dateiende bzw. bis mit `\mathindent` ein anderer Wert eingestellt wird.

13.3   Eingebettete Formeln

Sie können Formeln auch von Ihrem Text umfließen lassen. Verwenden Sie hierfür das `wrapfig`-Paket, das in Kapitel 15.9 auf Seite 162 vorgestellt wird.

13.4 Verweise auf Formeln

Wenn Sie Ihre Formeln automatisch numerieren lassen möchten, plazieren Sie sie in einem `equation`-Bereich.

$$a^2 = b^2 + c^2 \tag{13.1}$$

Dieser unterscheidet sich lediglich durch die automatische Vergabe der Nummern vom `displaymath`-Bereich. Die Nummern werden rechtsbündig ausgegeben. Der optionale Parameter `leqno` in der `\documentclass`-Anweisung bewirkt eine linksbündige Ausgabe der Nummern.

Auf numerierte Formeln können Sie sich im Text beziehen. Fügen Sie dafür eine Textmarke innerhalb des `equation`-Bereiches ein. Die Formel 13.1 auf Seite 125 wurde folgendermaßen eingegeben:

```
\begin{equation}
  a^{2} = b^{2} + c^{2} \label{pyth}
\end{equation}
```

Im Text beziehen Sie sich wie folgt auf diese Formel:

```
Die Formel \ref{pyth} auf Seite \pageref{pyth} wurde ...
```

13.5 Bausteine mathematischer Formeln

Mathematische Formeln werden aus zahlreichen Elementen kombiniert. Das können Anweisungen sein (wie z.B. für das Hochstellen von Elementen), Operatoren wie $\vee$, Symbole wie $\Updownarrow$ oder ∞, griechische Buchstaben (z.B. π), Funktionsnamen etc. Diese Elemente werden nun der Reihe nach vorgestellt.

13.5.1 Wurzeln

Um eine Quadratwurzel auszugeben, ist der `\sqrt`-Befehl zu verwenden. Als Parameter wird in geschweiften Klammern der Radikand angegeben. Die Wurzel aus $x + y$ wird demnach so eingegeben:

```
\[ x = \sqrt{x+y} \]
```

Sie erhalten dann

$$x = \sqrt{x + y}$$

Wurzeln lassen sich schachteln: $\sqrt{y + \sqrt{z}}$ erzeugen Sie mit der Eingabe von

```
$\sqrt{y + \sqrt{z}}$
```

Um z.B. die dritte Wurzel zu ziehen, übergeben Sie an `\sqrt` den optionalen Parameter `[3]`. Der Ausdruck $\sqrt[3]{x - v}$ verlangt die Eingabe von `$\sqrt[3]{x-v}$`.

13.5.2 Indizes und Exponenten

Ein Exponent wird mit ^ eingeleitet, ein Index mit _. Die Formel $(a + b)^2 = a^2 + 2ab + b^2$ ist folgendermaßen einzugeben:

```
$(a + b)^{2} = a^{2} + 2ab + b^{2}$
```

Indizes und Exponenten können kombiniert werden, wie bei a_x^2 (a_{x}^{2}).

13.5.3 Brüche

Bruchstriche können mit / symbolisiert werden. Der Bruch $a/2$ wird als `$a/2$` eingegeben. Soll ein komplexerer Bruch dargestellt werden, ist das \frac-Kommando zu verwenden. Die Formel $v = \frac{x}{y}$ wird als `$v = \frac{x}{y}$` eingegeben.

$$f = \frac{a + b}{2g}$$

als `\[ f = \frac{a+b}{2g} \]`. Brüche können (wie die anderen mathematischen Strukturen) geschachtelt werden. Den Bruch

$$x = \frac{a + b}{f - \frac{b+y}{2k}}$$

erhält man durch die Eingabe von

```
\[x = \frac{a+b}{f-\frac{b+y}{2k}}\]
```

13.5.4 Auslassungspunkte

Im *math-mode* bietet LaTeX verschiedene Typen von Auslassungs- oder Fortsetzungspunkten an. Für eine Folge wie $t_0, t_1, \ldots t_n$ benutzen Sie das Kommando \ldots:

```
$t_{0}, t_{1}, \ldots t_{n}$
```

Zentrierte Punkte wie in $t_0 + t_1, + \cdots + t_n$ erhalten Sie mit \cdots. Außerdem können Sie die vertikalen Punkte $\vdots$ mit \vdots und die diagonale Punktfolge $\ddots$ mit \ddots erzeugen.

13.5.5 Unterstreichen und Überstreichen

Mit dem \underline-Befehl werden Formelteile unterstrichen. Der \overline-Befehl setzt einen Strich über einen Formelteil. Der Ausdruck $x = \underline{2a}$ ist einzugeben als `$x = \underline{2a}$` und $\overline{F_2P1} = a + \varepsilon x_1$ als `$\overline{F_{2}P{1}}=a+\varepsilon x_{1}$`.

13.5.6　Transformationszeichen

Ein Transformationszeichen wird als einfacher Anführungsstrich eingegeben. Die Formel $x' = x - x_0$ wird als `$x' = x - x_{0}$` eingetippt.

13.5.7　Summen

Ein Summensymbol $\sum$ läßt man LATEX mit dem Kommando `\sum` erzeugen. Die Grenzen werden hoch- und tiefgestellt (mit ^ bzw. _) angefügt. Die Eingabe von

```
\[ \sum_{x=1}^{n} \]
```

bewirkt die Ausgabe von

$$\sum_{x=1}^{n}$$

Beachten Sie, daß die gleiche Formel, im laufenden Text eingegeben, als $\sum_{x=1}^{n}$ ausgegeben wird.

13.5.8　Integrale

Die Befehlssyntax für die Ausgabe eines Integralsymbols unterscheidet sich nicht von der des Summenzeichens.

$$\int_a^b f(x)$$

erzeugen Sie mit `\[ \int_{a}^{b} f(x) \]`.

13.5.9　Grenzangaben für Summen und Integrale

Das `\limits`-Kommando rückt die Integral- oder Summengrenzen unter bzw. über das Symbol. Mit `\[ \int\limits_{a}^{b} f(x) \]` erzeugen Sie:

$$\int\limits_a^b f(x)$$

Bei anderen, vergleichbaren Symbolen (siehe Tabelle 13.6) können die Grenzangaben ebenfalls mit `\limits` in dieser Weise plaziert werden. Mit `\nolimits` werden die Grenzen rechts vom Symbol ausgegeben, wo sie sonst unter- bzw. oberhalb stehen (z.B. bei Summenzeichen in abgesetzten Formeln).

13.5.10　Operatoren und Symbole

Eingabe von Tastatur

Die Operatoren bzw. Symbole $+-/* <>=:$ $|()[]'$ können Sie direkt über die Tastatur eingeben. Andere Operatoren werden mit speziellen Kommandos erzeugt, die im folgenden vorgestellt werden.

$\pm$	\pm	$\cap$	\cap	$\diamond$	\diamond	$\oplus$	\oplus
$\mp$	\mp	$\cup$	\cup	$\triangle$	\bigtriangleup	$\ominus$	\ominus
$\times$	\times	$\uplus$	\uplus	$\triangledown$	\bigtriangledown	$\otimes$	\otimes
$\div$	\div	$\sqcap$	\sqcap	$\triangleleft$	\triangleleft	$\oslash$	\oslash
$*$	\ast	$\sqcup$	\sqcup	$\triangleright$	\triangleright	$\odot$	\odot
$\star$	\star	$\vee$	\vee	$\lhd$	\lhd	$\bigcirc$	\bigcirc
$\circ$	\circ	$\wedge$	\wedge	$\rhd$	\rhd	$\dagger$	\dagger
$\bullet$	\bullet	$\setminus$	\setminus	$\unlhd$	\unlhd	$\ddagger$	\ddagger
$\cdot$	\cdot	$\wr$	\wr	$\unrhd$	\unrhd	$\amalg$	\amalg

Tabelle 13.1: Binäre Operatoren

$\leq$	\leq	$\geq$	\geq	$\equiv$	\equiv	$\models$	\models
$\prec$	\prec	$\succ$	\succ	$\sim$	\sim	$\perp$	\perp
$\preceq$	\preceq	$\succeq$	\succeq	$\simeq$	\simeq	$\mid$	\mid
$\ll$	\ll	$\gg$	\gg	$\asymp$	\asymp	$\parallel$	\parallel
$\subset$	\subset	$\supset$	\supset	$\approx$	\approx	$\bowtie$	\bowtie
$\subseteq$	\subseteq	$\supseteq$	\supseteq	$\cong$	\cong	$\Join$	\Join
$\sqsubset$	\sqsubset	$\sqsupset$	\sqsupset	$\neq$	\neq	$\smile$	\smile
$\sqsubseteq$	\sqsubseteq	$\sqsupseteq$	\sqsupseteq	$\doteq$	\doteq	$\frown$	\frown
$\in$	\in	$\ni$	\ni	$\propto$	\propto		
$\vdash$	\vdash	$\dashv$	\dashv				

Tabelle 13.2: Vergleichsoperatoren

Binäre Operatoren

LaTeX stellt Ihnen die binären Operatoren zur Verfügung, die in Tabelle 13.1 aufgeführt sind.[1] Für \wedge kann alternativ \land und anstelle von \vee kann \lor verwendet werden.

Vergleichsoperatoren

Tabelle 13.2 zeigt, mit welchen Kommandos relationale Operatoren erzeugt werden. Für das dort aufgeführte Kommando \parallel können Sie die Kurzform \| benutzen. Der Befehl \mid bewirkt die gleiche Ausgabe wie ein über die Tastatur eingegebenes |.

Die aufgeführten Operatoren können durch ein Voranstellen von \not „verneint" werden. Um $\not>$ oder $\not\equiv$ zu erhalten, geben Sie $\not>$ oder $\not\equiv$ ein.[2] Für

---

[1]Der Aufbau der Zeichentabellen wurde aus Leslie Lamports Buch übernommen. *Beachten Sie bitte, daß für einige Symbole — siehe Tabelle 13.5 – das latexsym-Paket zu laden ist.*

[2]Wird ein Schrägstrich bei der Verneinung nicht korrekt plaziert, schieben Sie zwischen die Verneinungsanweisung und das Symbol eines der auf Seite 138 aufgeführten Kommandos für zusätzliche Leerräume.

←	`\leftarrow`	⟵	`\longleftarrow`	↑	`\uparrow`
⇐	`\Leftarrow`	⟸	`\Longleftarrow`	⇑	`\Uparrow`
→	`\rightarrow`	⟶	`\longrightarrow`	↓	`\downarrow`
⇒	`\Rightarrow`	⟹	`\Longrightarrow`	⇓	`\Downarrow`
↔	`\leftrightarrow`	⟷	`\longleftrightarrow`	↕	`\updownarrow`
⇔	`\Leftrightarrow`	⟺	`\Longleftrightarrow`	⇕	`\Updownarrow`
↦	`\mapsto`	⟼	`\longmapsto`	↗	`\nearrow`
↩	`\hookleftarrow`	↪	`\hookrightarrow`	↘	`\searrow`
↼	`\leftharpoonup`	⇀	`\rightharpoonup`	↙	`\swarrow`
↽	`\leftharpoondown`	⇁	`\rightharpoondown`	↖	`\nwarrow`
⇌	`\rightleftharpoons`	⇝	`\leadsto`		

Tabelle 13.3: Pfeilsymbole

ℵ	`\alep`	′	`\prime`	∀	`\forall`	∞	`\infty`
ℏ	`\hbar`	∅	`\emptyset`	∃	`\exists`	□	`\Box`
ı	`\imath`	∇	`\nabla`	¬	`\neg`	◇	`\Diamond`
ȷ	`\jmath`	√	`\surd`	♭	`\flat`	△	`\triangle`
ℓ	`\ell`	⊤	`\top`	♮	`\natural`	♣	`\clubsuit`
℘	`\wp`	⊥	`\bot`	♯	`\sharp`	♢	`\diamondsuit`
ℜ	`\Re`	∥	`|`	\	`\backslash`	♡	`\heartsuit`
ℑ	`\Im`	∠	`\angle`	∂	`\partial`	♠	`\spadesuit`
℧	`\mho`						

Tabelle 13.4: Verschiedene mathematische Symbole

das Symbol $\notin$ wird das Kommando `\notin` benutzt. `\not=` ist gleichbedeutend mit `\ne` und `\neq`.

Pfeile und andere Symbole

Tabelle 13.3 zeigt die Pfeilsymbole und Tabelle 13.4 eine Reihe weiterer mathematischer Symbole, die Ihnen LaTeX zur Verfügung stellt. Der Befehl `\rightarrow` ($\rightarrow$) kann mit `\to` abgekürzt werden, `\leftarrow` ($\leftarrow$) mit `\gets`. Der in Tabelle 13.4 aufgeführte Operator `\neg` ($\neg$) kann durch `\lnot` erzeugt werden.

Die Zeichen in den Tabellen können Sie, wenn Sie sie in zwei `$` einfassen, natürlich auch innerhalb von Texten benutzen. Das gleiche gilt für die griechischen Buchstaben aus Tabelle 13.7.

Symbole des `latexsym`-Paketes

Tabelle 13.5 zeigt Symbole aus vorangegangenen Tabellen dieses Kapitels, die Sie nur verwenden können, wenn Sie das `latexsym`-Paket laden.

$\lhd$	`\lhd`	$\rhd$	`\rhd`	$\unlhd$	`\unlhd`	$\unrhd$	`\unrhd`
$\sqsubset$	`\sqsubset`	$\sqsupset$	`\sqsupset`	$\Join$	`\Join`	$\leadsto$	`\leadsto`
$\Box$	`\Box`	$\Diamond$	`\Diamond`	$\mho$	`\mho`		

Tabelle 13.5: Symbole des <code>latexsym</code>-Paketes

$\sum$	`\sum`	$\bigcap$	`\bigcap`	$\bigodot$	`\bigodot`
$\prod$	`\prod`	$\bigcup$	`\bigcup`	$\bigotimes$	`\bigotimes`
$\coprod$	`\coprod`	$\bigsqcup$	`\bigsqcup`	$\bigoplus$	`\bigoplus`
$\int$	`\int`	$\bigvee$	`\bigvee`	$\biguplus$	`\biguplus`
$\oint$	`\oint`	$\bigwedge$	`\bigwedge`		

Tabelle 13.6: Symbole mit unterschiedlichen Größen

Symbole mit unterschiedlichen Größen

Die Größe einiger Symbole hängt, wie beim Summenzeichen, davon ab, ob das Symbol in einer abgesetzten Formel auftritt oder in einer Formel, die im laufenden Text steht. Das Symbol $\oint$ hat im Text diese, in einer abgesetzten Formel

$$\oint$$

aber jene Größe. Tabelle 13.6 zeigt diese Symbole mit unterschiedlichen Größen.

Griechische Buchstaben

Tabelle 13.7 zeigt die Kommandos zur Ausgabe griechischer Buchstaben.

13.5.11   Textelemente in Formeln

Wenn ein kurzer Textteil in eine Formel eingesetzt werden soll, müssen Sie den *math-mode* nicht unbedingt verlassen. Mit dem **\mbox**-Kommando lassen sich kurze Textabschnitte einschieben, die dann in der Schriftart „roman" gesetzt werden. Der Text ist als Parameter an **\mbox** zu übergeben.

$$A = 0 \quad \text{und} \quad BC \neq 0$$

Um in diesem Beispiel das „und" etwas von den anderen Zeichen abzusetzen, wurde es mit der **\hspace**-Anweisung mit Leerräumen von der Größe `1em` (also der Breite des Buchstabens M im aktuellen Zeichensatz) umgeben:

```
\[ A = 0 \hspace{1em}\mbox{und}\hspace{1em} BC \not= 0 \]
```

Kleinbuchstaben

α	`\alpha`	θ	`\theta`	o	`o`	τ	`\tau`
β	`\beta`	ϑ	`\vartheta`	π	`\pi`	υ	`\upsilon`
γ	`\gamma`	ι	`\iota`	ϖ	`\varpi`	ϕ	`\phi`
δ	`\delta`	κ	`\kappa`	ρ	`\rho`	φ	`\varphi`
ϵ	`\epsilon`	λ	`\lambda`	ϱ	`\varrho`	χ	`\chi`
ε	`\varepsilon`	μ	`\mu`	σ	`\sigma`	ψ	`\psi`
ζ	`\zeta`	ν	`\nu`	ς	`\varsigma`	ω	`\omega`
η	`\eta`	ξ	`\xi`				

Großbuchstaben

Γ	`\Gamma`	Λ	`\Lambda`	Σ	`\Sigma`	Ψ	`\Psi`
Δ	`\Delta`	Ξ	`\Xi`	Υ	`\Upsilon`	Ω	`\Omega`
Θ	`\Theta`	Π	`\Pi`	Φ	`\Phi`		

Tabelle 13.7: Griechische Buchstaben

$\hat{o}$	`\hat{o}`	$\acute{o}$	`\acute{o}`	$\bar{o}$	`\bar{o}`	$\dot{o}$	`\dot{o}`
$\check{o}$	`\check{o}`	$\grave{o}$	`\grave{o}`	$\vec{o}$	`\vec`	$\ddot{o}$	`\ddot{o}`
$\breve{o}$	`\breve{o}`	$\tilde{o}$	`\tilde{o}`				

Tabelle 13.8: Akzente in mathematischen Formeln

13.5.12 Akzente

In mathematischen Formeln können spezielle Akzente verwendet werden. Die entsprechenden Kommandos sind in Tabelle 13.8 aufgeführt.

Anstelle der Buchstaben i und j sind `\imath` und `\jmath` zu verwenden. Diese Kommandos erzeugen die beiden Buchstaben ohne „Punkte", so daß ihnen problemlos ein Akzentzeichen aufgesetzt werden kann (wie bei $\vec{\imath}$).

Für die Akzente `\hat` und `\tilde` existierten dehnbare Pendants, die über mehrere Buchstaben und Symbole erweitert werden können. Die Befehle heißen `\widehat` und `\widetilde`; $\widehat{-x}$ wird mit `$\widehat{-x}$` erzeugt.

13.5.13 Funktionsbezeichnungen

Wenn eine Formel eine Funktionsbezeichnung wie „sin" oder „cos" enthält, kann diese nicht direkt eingegeben werden. Die Zeichenkette „cos" wird von LaTeX als das Produkt der Variablen c, o und s interpretiert und entsprechend gesetzt, d.h. in der Schrift *math-italic*. Üblicherweise werden Funktionsbezeichnungen aber in der Schriftart „roman" gesetzt, wie in $\sin \alpha = \frac{\sin a}{\sin c}$. Damit LaTeX diese Bezeichnungen als solche erkennt, wird ihnen ein *backslash* vorangestellt. Die Formel wird demnach so eingegeben:

```
$\sin \alpha = \frac{\sin a}{\sin c}$
```

```
\arccos    \cos     \csc     \exp     \ker     \limsup    \min     \sinh
\arcsin    \cosh    \deg     \gcd     \lg      \ln        \Pr      \sup
\arctan    \cot     \det     \hom     \lim     \log       \sec     \tan
\arg       \coth    \dim     \inf     \liminf  \max       \sin     \tanh
```

Tabelle 13.9: Funktionsbezeichnungen

Tabelle 13.9 zeigt die Funktionsnamen, die LaTeX erkennen kann.

Mit `\bmod` und `\pmod{...}` wird der Name der Modulo-Funktion ausgegeben. Dabei erzeugt `$x \bmod y$` den Ausdruck $x \bmod y$ und `$\pmod{x+y}$` den Ausdruck $(\bmod\ x+y)$.

Den Funktionen `\det`, `\gcd`, `\inf`, `\lim`, `\limsup`, `\max`, `\min`, `\Pr` und `\sup` können mit _ tiefergestellte Grenzangaben folgen. Eine Grenzwertangabe wie

$$\lim_{h\to 0}$$

ist einzugeben als `\[\lim_{h\to 0}\]`.

13.5.14 Klammern

Die runden und eckigen Klammern, () bzw. [], können Sie direkt über die Tastatur eingeben. Geschweifte Klammern können in Formeln verwendet werden, wenn Ihnen ein *backslash* vorangestellt wird (`\{` und `\}`). Für diese Klammern können außerdem die Kommandos `\lbrace` und `\rbrace` verwendet werden.

Mit den genannten Klammertypen erzielt man aber nicht immer befriedigende Ergebnisse, wie die folgende Formel zeigt.

$$x = \tan(\frac{f}{g})$$

Eingegeben wurde `\[ x = \tan (\frac{f}{g}) \]`. Um die Klammern automatisch der Größe ihres Inhaltes anpassen zu lassen, stellt LaTeX das Befehlspaar `\left` und `\right` zur Verfügung. Das Kommando wird direkt einem Klammertyp vorangestellt. Um also eine angepaßte, öffnende runde Klammer zu erhalten, schreibt man `\right(`. Ändert man den Eingabetext der obigen Formel entsprechend ab

```
\[ x = \tan \left(\frac{f}{g}\right) \]
```

erhält man ein korrektes Ergebnis:

$$x = \tan\left(\frac{f}{g}\right)$$

Man kann die Kommandos auch schachteln, wie die nächste Formel zeigt.

```
(    (          )  )                ↑   \uparrow
[    [          ]  ]                ↓   \downarrow
{    \{         }  \}               ↕   \updownarrow
⌊    \lfloor    ⌋  \rfloor          ⇑   \Uparrow
⌈    \lceil     ⌉  \rceil           ⇓   \Downarrow
⟨    \langle    ⟩  \rangle          ⇕   \Updownarrow
/    /          \  \backslash
|    |          ‖  \|
```

Tabelle 13.10: Klammertypen und andere anpaßbare Symbole

$$x = 2\left[v\left(\frac{x-1}{x+1} - f(p+n)\right)\right]$$

Hierfür muß die folgende Zeile eingetippt werden.

```
\[ x=2 \left[ v \left( \frac{x-1}{x+1} - f(p+n) \right) \right] \]
```

Beachten Sie, daß die beiden Befehle unbedingt paarweise auftreten müssen, d.h zu jedem `\left` muß ein korrespondierendes `\right` existieren. Bei Konstruktionen, die nur *eine* öffnende oder schließende Klammer benötigen, ist die Druckausgabe der betreffenden Klammer durch einen Punkt hinter `\left` oder `\right` zu unterdrücken. Die Ausgabe von

$$\cdots \left.\frac{l(x)}{k(x)}\right\}$$

erreicht man mit `\[ \left. \cdots \frac{l(x)}{k(x)} \right\}\]`.

Das Befehlspaar kann mit den in Tabelle 13.10 aufgeführten Symbolen kombiniert werden.

Mit LaTeX können auch horizontale Klammern gesetzt werden. Der Befehl `\overbrace` setzt eine Klammer über, der Befehl `\underbrace` unter einen Ausdruck.

$$\overbrace{x+y+z}$$

erhält man durch die Eingabe von `\[ \overbrace{x + y +z} \]`. Analog setzt man eine horizontale Klammer unter eine Formel.

$$\underbrace{x+y+z}$$

wird erzeugt durch `\[ \underbrace{x + y +z} \]`. Sie können abgesetzte Formeln, die horizontale Klammern enthalten, auch mit Exponenten und Indizes versehen.

$$\underbrace{a + \overbrace{b + \cdots + y}^{24} + z}_{26}$$

Benutzen Sie hierfür die bereits vorgestellten Befehle ^ und _. Das Beispiel (von Leslie Lamport) zeigt, wie vorzugehen ist:

```
\[ \underbrace{a + \overbrace{b + \cdots + y }^{24} + z}_{26} \]
```

13.5.15 Bausteine „stapeln"

Mit dem \stackrel-Befehl lassen sich Formelbausteine „stapeln". Die Formel[3]

$$A \xrightarrow{a'} B \xrightarrow{b'} C$$

wird erzeugt mit

```
\[ A \stackrel{a'}{\rightarrow} B \stackrel{b'}{\rightarrow} C \]
```

Mit diesem Verfahren lassen sich z.B. auch Ausdrücke wie $\overrightarrow{PP}$ setzen ($\stackrel{\longrightarrow}{PP}$).

13.6 Felder

Felder sind Tabellen im *math-mode*. Sie werden aufgebaut wie „gewöhnliche" Tabellen[4], jedoch heißt der entsprechende Bereich nicht **tabular** sondern **array**. Hier ein Beispiel, in dem gezeigt wird, wie eine Tabelle in eine Formel integriert wird:

$$\left| \begin{array}{cc} a_1 & b_1 \\ a_2 & b_2 \end{array} \right| = a_1 b_2 - a_2 b_1; \left| \begin{array}{ccc} a_1 & b_1 & c_1 \\ a_2 & b_2 & c_2 \\ a_3 & b_3 & c_3 \end{array} \right| \dots$$

Das ist der dazugehörige Quelltext:

```
\begin{displaymath}    % eine abgesetzte Formel
  \left|                % angepasster linker Begrenzer
  \begin{array}{cc}     % Feld mit zwei zentrierten Spalten
    a_{1} & b_{1} \\    % Spalten werden mit & getrennt
    a_{2} & b_{2}       % der letzten Tab.-zeile muss kein \\ folgen
  \end{array}           % Ende des Feldes
  \right|               % rechter angepasster Begrenzer
  = a_{1} b_{2} - a_{2} b_{1};
  \left|
  \begin{array}{ccc}
    a_{1} & b_{1} & c_{1} \\
    a_{2} & b_{2} & c_{2} \\
    a_{3} & b_{3} & c_{3}
  \end{array}
  \right| \dots
\end{displaymath}
```

---

[3]Das Beispiel stammt von Leslie Lamport.
[4]Siehe Kap 12.2.

Im nächsten Beispiel für die Einrichtung eines Feldes wird auch noch einmal gezeigt, wie große, einzelne Klammern zu erzeugen sind.

$$a_{12}^2 - a_{11}a_{12} \left\{ \begin{array}{ll} < 0: & \text{Ellipse} \\ = 0: & \text{Parabel} \\ > 0: & \text{Hyperbel} \end{array} \right.$$

Hierfür ist der folgende Text einzugeben.

```
\begin{displaymath}
  a^{2}_{12} - a_{11} a_{12}
  \left\{                      % grosse oeffnende geschw. Klammer
  \begin{array}{ll}            % ein Feld mit 2 linksb. Spalten
    < 0: & \mbox{Ellipse}  \\  % die sich wiederholende Zeichenfolge
    = 0: & \mbox{Parabel}  \\  % "0:" haette auch mit @{...} einge-
    > 0: & \mbox{Hyperbel}     % fuegt werden koennen.
  \end{array}
  \right.                      % schliessende Klammer unterdruecken
\end{displaymath}
```

Für eine Konstruktion wie

$$p = \left(\begin{array}{c} n \\ i \end{array} \right) \dots$$

kann eine einspaltige Tabelle eingerichtet werden.

```
\[ p = \left( \begin{array}{c} n \\ i \end{array}\right) \dots \]
```

Mit Hilfe des `delarray`-Paketes von David Carlisle läßt sich der obige Ausdruck etwas einfacher eingeben:

```
\[ p = \begin{array}({c}) n \\ i \end{array} \]
```

Hier wurde der Klammertyp bei der Definition der Tabellenstruktur mitangegeben. Wird statt eines Klammersymbols ein Punkt eingegeben, wird die Ausgabe unterdrückt, wie das nächste Beispiel zeigt.

$$a_{12}^2 - a_{11}a_{12} \left\{ \begin{array}{ll} < 0: & \text{Ellipse} \\ = 0: & \text{Parabel} \\ > 0: & \text{Hyperbel} \end{array} \right.$$

```
\[
  a^{2}_{12} - a_{11} a_{12}
  \begin{array}\{{ll}.
    < 0: & \mbox{Ellipse} \\
    = 0: & \mbox{Parabel} \\
    > 0: & \mbox{Hyperbel}
  \end{array}
\]
```

Ist `delarray` geladen, können außerdem mehrere Felder durch eine optionale Positionierungsangabe gegeneinander versetzt dargestellt werden. Die Parameter [b] bzw.

[t] beziehen sich auf die letzte bzw. erste Zeile des Feldes und deren Positionierung relativ zu einer gedachten Mittellinie.

$$\begin{pmatrix} a \\ b \\ c \end{pmatrix} \begin{pmatrix} a \\ b \\ c \end{pmatrix} \begin{pmatrix} a \\ b \\ c \end{pmatrix}$$

```
\[
  \begin{array}({c})
    a\\b\\c
  \end{array}
  \begin{array}[b]({c})
    a\\b\\c
  \end{array}
  \begin{array}[t]({c})
    a\\b\\c
  \end{array}
\]
```

13.7   Mehrzeilige Formeln

Mehrzeilige Formeln werden in einem tabellenähnlichen Bereich `eqnarray` aufgebaut. Bei diesem Bereich handelt es sich im Grunde um eine dreispaltige Tabelle. Die linke Spalte ist linksbündig, die mittlere zentriert und die rechte rechtsbündig ausgerichtet. Die mittlere Spalte ist für ein einzelnes Symbol (wie =) gedacht. Die Spalten werden durch & getrennt und die Zeilen mit \\ abgeschlossen. Jede Zeile wird von LaTeX automatisch mit einer Nummer versehen. Die Numerierung kann für eine einzelne Zeile mit `\nonumber` und für das gesamte Gebilde mit einer Befehlsmodifikation durch * unterdrückt werden.

$$(a+b)^2 \;=\; a^2 + 2ab + b^2 \qquad (13.2)$$
$$(a-b)^2 \;=\; a^2 - 2ab + b^2 \qquad (13.3)$$

Hierfür ist der folgende Text einzugeben.

```
\begin{eqnarray}
  (a+b)^{2} & = & a^{2}+2ab+b^{2}\\
  (a-b)^{2} & = & a^{2}-2ab+b^{2}
\end{eqnarray}
```

Beachten Sie, daß dieser Bereich nicht in einen `displaymath`-Bereich eingebettet wird (wie das bei Feldern der Fall sein muß).

Diese Tabellenstruktur kann auch für die Konstruktionen von Formeln benutzt werden, die sich über mehrere Zeilen erstrecken:

$$x \;=\; a+b+c+d+e+f+ \qquad (13.4)$$
$$g+h+i$$
$$y \;=\; v+s \qquad (13.5)$$

Wie der Quelltext zeigt, muß die Ausgabe der Nummer in der zweiten Zeile mit `\nonumber` unterdrückt werden.

```
\begin{eqnarray}
  x & = & a + b + c + d + e + f +\\
    &   & g + h + i \nonumber\\
  y & = & v + s
\end{eqnarray}
```

Bei Formeln, die sich über mehrere Zeilen erstrecken, kann es zu einem kleinen Problem kommen, wenn eine Zeile z.B. mit einem Pluszeichen beginnt, wie bei $+g+h+i$. LaTeX wird dieses Zeichen dann als Vorzeichen, nicht als binären Operator interpretieren und entsprechend setzen. Vorzeichen (wie bei $+x$) werden näher an das folgende Zeichen gerückt als binäre Operatoren (wie bei $y+x$). Um zu verhindern, daß eine neue Formelzeile mit einem falsch gesetzten Operator beginnt, stellen Sie diesem mit \mbox{} eine Pseudovariable voran. Diese wird nicht gedruckt, aber LaTeX kann erkennen, daß es sich bei dem Operator nicht um ein Vorzeichen handelt.

$$x \; = \; a+b+c+d+e+f$$
$$+g+h+i$$

Bei diesem Beispiel wurde die Numerierung mit der Befehlsmodifikation durch * unterbunden.

```
\begin{eqnarray*}
  x & = & a + b + c + d + e + f\\
    &   & \mbox{}+ g + h + i
\end{eqnarray*}
```

Beachten Sie, daß zwischen \left ... \right-Paaren kein \\ auftreten darf. Gegebenenfalls sind zwei Paare einzugeben, wobei dann die Ausgabe der schließenden bzw. öffnenden Klammer mit einem Punkt unterdrückt wird (vgl. Seite 133).

Wenn Ihnen die Art des Umbruchs nicht zusagt, können Sie die zweite und die folgenden Zeilen etwas weiter links plazieren lassen,

$$a+b+c=$$
$$d+e+f+g+h+$$
$$i+j+k+l+m$$

indem Sie den nach links eingerückten Ausdruck der Formel in einer separaten Zeile mit \lefteqn kennzeichnen. Die nachfolgenden Zeilen werden wie gewohnt eingegeben.

```
\begin{eqnarray*}
  \lefteqn{a + b + c =}   \\
  & & d + e + f + g + h + \\
  & & i + j + k + l + m
\end{eqnarray*}
```

Kommando	Funktion	Beispiel	Wirkung
\,	kleiner zusätzlicher Zwischenraum	`$xxx\,yyy$`	$xxx\,yyy$
\:	mittlerer zusätzlicher Zwischenraum	`$xxx\:yyy$`	$xxx\:yyy$
\;	größerer zusätzlicher Zwischenraum	`$xxx\;yyy$`	$xxx\;yyy$
\!	Verringerung des normalen Zwischenraumes	`$xxx\!yyy$`	$xxyyy$

Tabelle 13.11: Abstandsbefehle in Formeln

Der Einzug ab der zweiten Zeile kann mit dem `\hspace`-Kommando variiert werden. Der Befehl ist vor der ersten Zeilenschaltung einzufügen. Die erste Zeile könnte z.B. so aussehen: `\lefteqn{a+b+c=} \hspace{1cm}\\`. Negative Werte reduzieren den Einzug.

13.8　Nachformatierung von Formeln

LaTeX setzt Ihre Formeln, wie es ein professioneller Setzer tun würde. Es gibt also normalerweise keinen Grund, hier einzugreifen. Zwei Änderungen können bisweilen jedoch notwendig werden: der Einschub zusätzlicher Leerräume und die Veränderung der Schriftart.

13.8.1　Änderung von Abständen

Im *math-mode* ignoriert LaTeX die Leerzeichen, die Sie eingeben: a+b ergibt kein anderes Resultat als a + b. Bei der Aneinanderreihung von Variablen werden Leerräume entfernt, weil LaTeX davon ausgeht, daß es sich um ein Produkt handelt: aus a b c wird *abc*. In einigen Fällen ist das nicht korrekt. Wenn Sie z.B. y dx eingeben[5], macht das Programm *ydx* daraus, obwohl wahrscheinlich *y dx* gemeint ist. Weil LaTeX solche Feinheiten nicht erkennen kann, müssen Sie dafür von Hand einen kleinen Zwischenraum einschieben. Tabelle 13.11 zeigt die Befehle, mit denen sich die Standardabstände verändern lassen.

13.8.2　Änderung der Schriftart

Auch in Formeln kann die Schriftart gewechselt werden. Tabelle 13.12 zeigt die entsprechenden Befehle.
Die Kommandos wirken sich lediglich auf Ziffern, Buchstaben und große griechische Buchstaben aus, nicht auf Symbole und kleine griechische Buchstaben. Die Voreinstellung von LaTeX ist eine kursive Schrift, die zwischen Buchstaben einen zusätzlichen Zwischenraum laßt, `\mathit` unterdrückt diesen Zwischenraum und sollte daher

---

[5] Beispiel von Leslie Lamport.

$$a^2 = b^2 + c^2 \quad \leftarrow \quad \texttt{\$\textbackslash mathit\{ a\textasciicircum\{2\}=b\textasciicircum\{2\}+c\textasciicircum\{2\} \}\$ \% Italic}$$

$a^2 = b^2 + c^2$	$\leftarrow$	`$\mathit{ a^{2}=b^{2}+c^{2} }$ % Italic`
$a^2 = b^2 + c^2$	$\leftarrow$	`$\mathrm{ a^{2}=b^{2}+c^{2} }$ % Roman`
$\mathbf{a^2 = b^2 + c^2}$	$\leftarrow$	`$\mathbf{ a^{2}=b^{2}+c^{2} }$ % Bold`
$\mathsf{a^2 = b^2 + c^2}$	$\leftarrow$	`$\mathsf{ a^{2}=b^{2}+c^{2} }$ % Sans Serif`
$\mathtt{a^2 = b^2 + c^2}$	$\leftarrow$	`$\mathtt{ a^{2}=b^{2}+c^{2} }$ % Typewriter`
$\mathcal{TEXT}$	$\leftarrow$	`$\mathcal{TEXT}$ % Kalligraphische Schrift`

Tabelle 13.12: Schriftartbefehle im Formelsatz

verwendet werden, wenn Variablennamen mit mehreren Buchstaben gebildet werden. $var = x + y$ sollte demnach als `$\mathit{var} = x + y$` eingegeben werden. Mit `mathcal` können Sie eine Zierschrift verwenden, die allerdings nur Großbuchstaben kennt. $\mathcal{N}(x) = n^f$ wird zum Beispiel als `$\mathcal{N}(x) = n^{f}$` eingegeben.

Teile einer Formel, die komplett fett gesetzt werden sollen, müssen in einen `\mbox`-Bereich eingefaßt und *dort* mit `$` als Formeln gekennzeichnet werden.

$$x = y + \mathbf{2\omega} + v$$

wird als

```
\[ x = y + \mbox{\boldmath$2 \omega$} + v \]
```

eingegeben.

Um eine komplette Formel fett setzen zu lassen, schalten Sie vor dem Wechsel in den *math-mode* auf `\boldmath` um und deaktivieren diese Einstellung mit `\unboldmath` nach der Rückkehr in den Textmodus wieder (es sei denn, Sie möchten auch alle nachfolgenden Formeln fett ausgeben).[6]

$$A = \pi r^2$$

wurde folgendermaßen eingegeben:

```
\boldmath
  \[ A = \pi r^{2} \]
\unboldmath
```

Einige Zeichen werden intern aus zwei Zeichen zusammengesetzt. Z.B. wird $\Longrightarrow$ (`\Longrightarrow`) aus $=$ und $\Rightarrow$ erzeugt. Diese Zeichen sollen nicht fett gesetzt werden. In Formeln, die komplett mit `\boldmath` formatiert wurden, können solche Elemente mit `...\mbox{\unboldmath$\Longrightarrow$}...` von der Formatierung ausgenommen werden.

---

[6]Bei der Verwendung von `\boldmath` ist es möglich, daß bei der Bearbeitung des Textes eine Warnung erscheint, die auf einen fehlenden Font hinweist. Überprüfen Sie, ob das den Satz Ihrer Formel auch wirklich betrifft. Wenn nicht, ignorieren Sie die Warnung.

13.8.3 Änderung der Schriftgröße

Im *math-mode* werden standardmäßig folgende Schriftgrößen verwendet.

Schriftart	Geltungsbereich
display	für normale Zeichen in abgesetzten Formeln
text	für normale Zeichen in Formeln innerhalb von Textblöcken
script	für Indizes und Exponenten
scriptscript	für Indizes von Indizes, Exponenten von Exponenten z.B. bei a^{x^2} (einzugeben als a^{x^{2}})

Diese Schriften können in Formeln mit den Befehlen \displaystyle, \textstyle, \scriptstyle und \scriptscriptstyle direkt ausgewählt werden. Ein Exponent kann z.B. durch Voranstellen von \scriptscriptstyle etwas kleiner gesetzt werden.

$$a^2 = b^2 + c^2$$

Diese Ausgabe wird mit dem folgenden Eingabetext erreicht (die Zeile wurde aus drucktechnischen Gründen mit einem Kommentarzeichen umbrochen).

```
\[a^{\scriptscriptstyle{2}}=%
b^{\scriptscriptstyle{2}}+c^{\scriptscriptstyle{2}}\]
```

Kapitel 14

Textboxen und Rahmen

Dieses Kapitel zeigt Ihnen, wie sogenannte Boxen zu definieren sind. Boxen sind Textobjekte, die Sie zum Beispiel nebeneinander setzen oder mit Rahmen versehen können. Da Textboxen außerdem beinahe nach Belieben angeordnet werden können, lassen sich mit ihnen markante Textpassagen wirkungsvoll hervorheben. Grafiken können, wie das nachfolgende Kapitel zeigt, ebenfalls in Boxen eingeschlossen und dann neben Textboxen plaziert werden.

LaTeX kennt zwei Arten von Textboxen. Einfache Boxen beinhalten kleine Texteinheiten – üblicherweise nicht mehr als ein paar Worte. Diese Boxen werden von LaTeX wie ein Buchstabe behandelt, d.h es gibt in ihnen weder einen Zeilen-, noch einen Seitenumbruch. Absatzboxen – der zweite Typ – sind Texteinheiten, die wie kleine Seiten (*minipages*) gesetzt werden. Wenn man z.B. einen einzelnen Absatz sehr schmal formatieren will, um rechts daneben eine Formel darzustellen, wird man diese beiden Elemente als Absatzbox deklarieren und nebeneinander positionieren. Um beide Typen von Textobjekten können Rahmen gezogen werden.

14.1 Boxen

14.1.1 Boxen erzeugen

Der \mbox-Befehl schließt einen Text in eine Box ein, so daß er vor jeder Art von Umbruch geschützt ist. Wenn Sie z.B. verhindern wollen, daß „MS-DOS V.6.0" umbrochen wird, geben Sie \mbox{MS-DOS V.6.0} ein.

Das Kommando \makebox unterscheidet sich von \mbox durch zwei optionale Parameter, die man ihm übergeben kann: zum einen die Breite der Box und zum anderen die Ausrichtung des Textes in dieser Box. Die Befehlssyntax ist

```
\makebox[Breite][Ausrichtung]{Text}
```

Standardmäßig wird der Text in diesen Boxen zentriert. Die Ausrichtung des Textes kann aber mit den Kürzeln l und r für Links- bzw. Rechtsbündigkeit festgelegt werden. Bei der Breitenangabe wird eine der bekannten Maßeinheiten (siehe Seite 12) verwendet. Hierzu ein einfaches Beispiel. Der folgende Eingabetext

```
Text \makebox[4cm]{zentriert} Text \\
Text \makebox[4cm][l]{linksb"undig} Text \\
Text \makebox[4cm][r]{rechtsb"undig} Text \\
```

erzeugt diese Ausgabe:

```
Text           zentriert       Text
Text linksbündig               Text
Text                 rechtsbündig Text
```

14.1.2   Boxen speichern

Eine Box kann wie eine Art Textbaustein am Textbeginn hinterlegt und später abgerufen werden.[1] Mit **\newsavebox{\Name}** wird LaTeX zunächst mitgeteilt, daß unter „Name" eine Box hinterlegt werden soll. Dann wird der Inhalt der Box mit

```
\savebox{\Name}[Breite][Ausrichtung]{Text}
```

dem vergebenen Namen zugeordnet. Der Text kann dann mit **\usebox{\Name}** abgerufen werden. Wenn Sie eine Box hinterlegen möchten, die keine Maßangaben benötigt, verwenden Sie statt **\savebox** den Befehl **\sbox**. Sinnvoll ist der Einsatz solcher Bausteine, wenn eine Box immer wieder im Text verwendet wird. Hier ein Beispiel für das Speichern und Abrufen von „MS-DOS V.6.0" als Box.

```
...
\newsavebox{\msdos}              % Name festlegen
\sbox{\msdos}{MS-DOS V.6.0}      % Inhalt dem Namen zuordnen
...                              % ab jetzt ist der Abruf moeglich
das Betriebssystem \usebox{\msdos} f"ur Personalcomputer
...
```

14.1.3   Boxen hoch- und tiefstellen

Textboxen jeder Art können mit dem **\raisebox**-Kommando im Verhältnis zur Grundline der jeweiligen Zeile ^angehoben bzw. ₐbgesenkt werden. Der letzte Satz wurde folgendermaßen eingegeben:

---

[1]Die entsprechenden Anweisungen sollten nur zum Speichern von Boxen benutzt werden. Reine Textbausteine sollten Sie mit dem **\newcommand**-Befehl anlegen (siehe Kapitel 17).

```
   ...
im Verh"altnis zur Grundline der jeweiligen Zeile
\raisebox{0.5ex}{angehoben} bzw.\ \raisebox{-0.5ex}{abgesenkt} ...
```

Mit dem ersten Parameter wird angegeben, wie weit die Grundlinie des Textes von der der Umgebung abweichen soll. Ein positiver Wert hebt den Text an, ein negativer senkt ihn ab. Auf diese Weise lassen sich beliebig variierbare Hoch- und Tiefstellungen erreichen. XTree[tm] ist beispielsweise einzugeben als

```
XTree\raisebox{0.7ex}{\scriptsize\sffamily tm}
```

14.2 Absatzboxen

Absatzboxen und sog. *minipages* dienen der Aufnahme etwas längerer Textpassagen. Ihr Inhalt wird von LATEX umbrochen. Die Box selbst kann aber nicht durch einen Seitenumbruch zerstört werden. Eine Absatzbox wird mit dem Befehl `\parbox` aufgebaut, dem die Breite der Box und ihr Inhalt als Parameter übergeben wird.

Auch Absatzboxen sind Textobjekte, die LATEX wie eine Einheit, wie einen einzelnen Buchstaben, behandelt. Daraus erklärt sich, warum das folgende Beispiel zu dem gezeigten Druckergebnis führt. Die linke Box wird praktisch wie ein großer Buchstabe gesetzt, dann folgt der Rest der Zeile, die dann mit einer weiteren Box abgeschlossen wird. Es folgt der Quelltext, dann die Druckausgabe.

```
\parbox{5cm}{Das ist die linke Absatzbox. Das ist die linke
Absatzbox. Das ist die linke Absatzbox. Das ist die linke
Absatzbox.}
Das ist keine Box
\parbox{5cm}{Das ist die rechte Absatzbox. Das ist die rechte
Absatzbox. Das ist die rechte Absatzbox. Das ist die ...
```

Das ist die linke Absatzbox.		Das ist die rechte Absatzbox.
Das ist die linke Absatzbox.	Das ist keine Box	Das ist die rechte Absatzbox.
Das ist die linke Absatzbox.		Das ist die rechte Absatzbox.
Das ist die linke Absatzbox.		Das ist die rechte Absatzbox.

Einer Absatzbox muß keine zweite oder eine „normale" Textzeile folgen. Eine einzelne schmale Box kann man z.B. verwenden, wenn man später ein Bild neben einem Text einkleben will. Beachten Sie, daß bei schmalen Boxen häufiger getrennt werden muß (lesen Sie zu dieser Problematik Kapitel 2.13).

Man erkennt an dem obigen Beispiel, daß Absatzboxen standardmäßig gegenüber der übrigen Zeile in Längsrichtung zentriert werden. Der `\parbox`-Befehl kennt einen weiteren optionalen Parameter, der die Positionierung der Box im Verhältnis zur übrigen Zeile festlegt. Die Syntax des kompletten Befehls lautet

```
\parbox[Positionierung]{Breite}{Text}
```

Übergibt man für die Positionierung ein b, wird die unterste Zeile der Box auf der
Grundline der Zeile liegen. Ein t bewirkt, daß die oberste Zeile der Box auf der
Grundlinie der Zeile liegt. Dazu ein kurzes Beispiel:

Das ist die rechte Absatzbox.

Das ist die rechte Absatzbox.

Das ist die rechte Absatzbox.

Das ist die linke Absatzbox. Das ist keine Box Das ist die rechte Absatzbox.
Das ist die linke Absatzbox.
Das ist die linke Absatzbox.
Das ist die linke Absatzbox.

```
\parbox[t]{5cm}{Das ist die linke ... Absatzbox.}
Das ist keine Box
\parbox[b]{5cm}{Das ist die rechte ... Absatzbox.}
```

Sie können Absatzboxen und *minipages*, auf die gleich eingegangen wird, auch mit
dem **\raisebox**-Befehl (Seite 142) positionieren. Diese Boxen bzw. Bereiche werden
dann in das zweite geschweifte Klammerpaar des Befehls eingesetzt. Schematisch
läßt sich die vertikale Bewegung dieser Boxen so darstellen:

```
\raisebox{x}{     % Anheben oder Absenken der Box um x Einheiten
  \parbox[Positionierung]{Breite}{
    ... Inhalt der Box ...
  }
}
```

Komplexere Textteile, die mehrere Absätze, Absatzformatierungen
oder Tabulatoren enthalten, sollten
nicht in Absatzboxen, sondern in
einem Bereich **minipage** untergebracht werden. Beim Aufbau des
Bereiches werden zwei Parameter
angegeben: zunächst die (optionale) Ausrichtung der Box, dann ihre
Breite.

```
\begin{minipage}{6cm}
  Komplexere Textteile, die
  mehrere Abs"atze,
  Absatzformatierungen oder
  Tabulatoren enthalten,
  sollten nicht in Absatzboxen,
  sondern in einem Bereich
  \texttt{minipage} untergebracht
  werden. Beim Aufbau des ...
\end{minipage}
```

Die zwei *minipages*, die Sie hier sehen, wurden durch den Einschub eines Leerraumes
mit **\hspace** etwas auseinandergerückt. Die obige Konstruktion wurde folgendermaßen eingegeben:

```
\begin{minipage}{6cm}      % erste Box
   ...                     % Inhalt
\end{minipage}
\hspace{0.2cm}             % Zwischenraum
\begin{minipage}{6cm}      % zweite Box
   ...                     % Inhalt
\end{minipage}
```

Beachten Sie bitte, daß nebeneinander angeordnete *minipages* LaTeX den Seitenumbruch erschweren können.

Optionen

Auch für *minipages* steht der optionale Positionierungsparameter zur Verfügung, der an den \parbox-Befehl übergeben werden kann (siehe oben). Außerdem kann die Höhe dieser Objekte angegeben und die Plazierung des Textes in ihnen gesteuert werden. Diese Einleitung

```
\begin{minipage}[b][5cm][t]{6cm}
   ...
```

erzeugt einen *minipage*-Bereich, dessen Unterseite auf der Grundlinie der ggf. umgebenden Zeile liegt (Parameter [b]). Die *minipage* ist 5cm hoch (Parameter [5cm]). Der Text wird am oberen Rand plaziert (Parameter [t]), wobei [b] ihn an den unteren Rand geschoben hätte. Die Textbox selbst hat eine Breite von sechs Zentimetern (Parameter {6cm}).

14.3 Absatzboxen und Fußnoten

Wenn in einem minipage-Bereich eine Fußnote eingegeben wird, setzt LaTeX diese an den Fuß dieser Textbox. Wenn das nicht erwünscht ist, kompliziert sich die Angelegenheit ein wenig. Statt des \footnote-Befehls müssen Sie das Anweisungspaar \footnotemark und \footnotetext benutzen. Mit \footnotemark erzeugen Sie ein Fußnotenzeichen (also eine korrekte, hochgestellte Nummer), mit \footnotetext lassen Sie den Text dann außerhalb der Box ausgeben. Das Problem ist, daß \footnotetext den Fußnotenzähler im Gegensatz zu \footnotemark nicht manipulieren kann. Wenn Sie z.B. in Ihrem minipage-Bereich zwei Fußnotenzeichen mit \footnotemark erzeugt haben, steht der Zähler auf zwei. Mit \footnotetext würde dann die erste Fußnote ausgegeben, aber ihr würde eine „2" vorangestellt – ebenso wie der folgenden Fußnote. Deswegen muß der Fußnotenzähler zuerst auf den korrekten Wert zurückgesetzt und dann nach jeder Ausgabe mit \footnotetext erhöht werden. Der Fußnotenzähler wird mit dem \addtocounter-Kommando verändert. Mit dem gleichen Verfahren werden Fußnoten in Tabellen eingefügt. Der Beispieltext zeigt, wie vorzugehen ist.

```
\begin{minipage}{6cm}         % dies koennte auch ein
   ...                        % Tabellenbereich sein
  Bereiches werden zwei Parameter\footnotemark angegeben: zun"achst
  die (optionale) Ausrichtung\footnotemark, dann die Breite.
   ...
\end{minipage}                % Ende des Bereichs

\addtocounter{footnote}{-1}   % Fussnotenzaehler zuruecksetzen
\footnotetext{Parameter sind  % Ausgabe des ersten Fussnoten-Textes
  zus"atzliche ...            % am unteren Seitenrand
\addtocounter{footnote}{1}    % Zaehler weitersetzen
\footnotetext{Ausrichtung ... % Text der zweiten Fussnote

Und hier beginnt der normale  % die im normalen Text eingegebene
Text \footnote{...            % Fussnote erhaelt automatisch
                              % eine korrekte Nummer.
```

14.4 Rahmen

14.4.1 Worte und Absätze rahmen

Eine Texteinheit kann mit dem **\framebox**- oder dem **\fbox**-Kommando umrahmt werden. Mit **\fbox** ziehen Sie einen Rahmen um den als Parameter übergebenen Text. Die Größe des Rahmens wird automatisch an die Größe des Textes angepaßt. Dem **\framebox**-Befehl wird in Parameterform die Breite des Rahmens und die Ausrichtung des Textes im Rahmen angegeben.

Dieses Wort wurde umrahmt. In dem nächsten, etwas größeren Rahmen steht rechtsbündig ein Wort.

Es folgt der Quelltext für dieses Beispiel.

```
\fbox{Dieses Wort} wurde umrahmt. In dem n"achsten, etwas
gr"o"seren Rahmen steht rechtsb"undig \framebox[3cm][r]{ein Wort}.
```

Wird der optionale Ausrichtungsparameter weggelassen, wird der Text in der Box zentriert, [l] setzt ihn linksbündig und [r] rechtsbündig.
Ein mehrzeiliger Absatz kann nicht an **\fbox** übergeben werden. Um einen kompletten Absatz einzurahmen, deklarieren Sie ihn als Absatzbox und übergeben diese an **\fbox**.

Dieser mehrzeilige Absatz wurde zunächst als Absatzbox deklariert und dann umrahmt. Außerdem wurde die Absatzbox zentriert.

Der eingerahmte Absatz wurde folgendermaßen eingegeben:

```
\begin{center}                  % die fogende Box zentrieren
  \fbox{                        % und umrahmen
    \parbox{13cm}{              % eine 13 cm breite Box
      Dieser mehrzeilige Absatz ...
    }
  }
\end{center}
```

Wenn Sie einen solchen eingerahmten Absatz wiederum an \fbox übergeben,

```
\begin{center} % doppelt eingerahmte, zentrierte Box
  \fbox{
    \fbox{
      \parbox{6cm}{
        Absatz mit doppelter Umrahmung.
      }
    }
  }
\end{center}
```

erhalten Sie eine doppelte Umrahmung. Die Einrückungen sollen hier die Befehls-verschachtelung hervorheben. In der Praxis sind sie nicht notwendig.

14.4.2 Formeln rahmen

Abgesetzte Formeln können eingerahmt wer-den, wie das Beispiel auf der rechten Seite zeigt. Beachten Sie, daß die Formel als Text-formel (!) deklariert wurde, dann eingerahmt und schließlich in einen `displaymath`-Bereich gesetzt wurde.
Es folgt der eingegebene Text.

$$\boxed{x = \sqrt[3]{\frac{y}{v-t}} + \phi}$$

```
\begin{displaymath}
  \fbox{
    $x = \sqrt[3]{\frac{y}{v-t}} + \phi $
  }
\end{displaymath}
```

Wie die obige Anordnung zeigt, können Formeln auch in Absatzboxen untergebracht werden, um sie neben einen Text zu setzen. Der nächste Quelltextauszug zeigt, was einzugeben ist.

```
\parbox{7.5cm}{
  Abgesetzte Formeln k"onnen eingerahmt werden,
  ...
  {\ttfamily displaymath}-Bereich gesetzt wurde.
}
\parbox{6cm}{
 \begin{displaymath}
   \fbox{
     $x = \sqrt[3]{\frac{y}{v-t}} + \phi $
   }
 \end{displaymath}
}
```

Wenn die Formel numeriert werden soll, ist sie statt in einen `displaymath`-Bereich
in einen `equation`-Bereich einzufügen.

14.4.3 *minipages* rahmen

Mit dem Paket `boxedminipage` von Mario Wolczko können *minipages* eingerahmt
werden. Die Verwendung ist denkbar einfach: Nach dem Laden des Paketes (unter
DOS: `boxminip`) steht ein Bereich `boxedminipage` zur Verfügung, der auf die gleiche
Weise eingesetzt wird wie der `minipage`-Bereich.

14.4.4 Rahmen formatieren

Der Abstand zwischen Rahmen und Textblock kann mit `\fboxsep` verändert werden (z.B. `\fboxsep1cm`). Die Liniendicke legen Sie mit `\fboxrule` fest (z.B. zieht
`\fboxrule2mm` eine relativ fette Linie).

14.4.5 Flächen

Mit dem Kommando `\rule` lassen sich Flächen (und damit auch Linien) bestimmba-
rer Größe erzeugen wie ■■■■. Hierfür wurde `\rule{10mm}{2mm}` eingegeben. Dem
Befehl wird als Parameter Breite und Höhe übergeben und optional, um welchen
Betrag die Fläche von der Grundlinie der Zeile abzuheben ist. ⌁ erzeugt man mit

```
\rule[-2mm]{1mm}{1mm}\rule[-1mm]{1mm}{1mm}\rule{1mm}{1mm}%
\rule[1mm]{1mm}{1mm}\rule[2mm]{1mm}{1mm}
```

Das `%`-Zeichen entfernt den Leerschritt, der durch den Zeilenumbruch im Eingabetext
hervorgerufen würde.

Es ist möglich, Flächen der Breite 0cm und einer bestimmten Höhe zu definieren. Das
kann man sich bei Umrahmungen zunutze machen. Der `\fbox`-Befehl zieht Rahmen
um komplette *Objekte*. Wenn man nun den an `\fbox` übergebenen Text mit einer
solchen unsichtbaren Fläche versieht, kann man die Höhe des Rahmens beeinflussen,

was sonst nicht möglich ist. Z.B. läßt sich dadurch ein Rahmen um eine Formel etwas großzügiger gestalten. Das wird mit dem nächsten Beispiel gezeigt.

$$a = \sqrt{b^2 + c^2}$$

Um den etwas breiteren Rahmen zu erhalten, wurde zusätzlicher Leerraum mit \hspace eingefügt. Außerdem wurde das ganze Gebilde zentriert:

```
\begin{center}
  \begin{displaymath}
    \fbox{
      \rule[-1cm]{0cm}{2cm}\hspace{0.5cm}$a =
      \sqrt{b^{2}+c^{2}}$\hspace{0.5cm}
    }
  \end{displaymath}
\end{center}
```

14.4.6 Alternativen

Wenn Sie Text in auffälligerer Form einrahmen möchten, sollten Sie das fancybox-Paket von Timothy van Zandt laden. Die folgende Aufstellung zeigt die Boxentypen und die Kommandos, die Sie verwenden müssen.

Das ist Text	\shadowbox{Das ist Text}
Das ist Text	\doublebox{Das ist Text}
Das ist Text	\ovalbox{Das ist Text}
Das ist Text	\Ovalbox{Das ist Text}

Wenn Sie den Text als \parbox an den jeweiligen Befehl übergeben, können Sie auch komplette Absätze mit den oben aufgeführten Befehlen einrahmen.

Kapitel 15

Grafiken

Mit LaTeX lassen sich auch einfache Grafiken und Diagramme zeichnen. Die Grafiken werden dadurch erzeugt, daß verschiedene Arten grafischer Objekte auf einem frei definierbaren, bei der Druckausgabe nicht sichtbaren, Koordinatensystem angeordnet werden.

Die Erstellung einer Grafik besteht aus zwei Arbeitsschritten: Zuerst wird das Koordinatensystem definiert, dann werden die Bildobjekte darauf angeordnet. Zusatzpakete, die in diesem Kapitel ebenfalls vorgestellt werden, unterstützen die Eingabe von Diagrammen und die Einbindung extern erzeugter Grafiken.

15.1 Definition des Koordinatensystems

Die Grafikbefehle sind ausschließlich in einem Bereich `picture` wirksam. Sie beziehen sich stets auf Punkte in einem von Ihnen definierten Koordinatensystem. Mit dem Grafikbefehl \put weisen Sie LaTeX z.B. an, ein Objekt an einem bestimmten Koordinatenpunkt in diesem System zu plazieren.

Zuvor muß LaTeX allerdings wissen, wie dieses Koordinatensystem beschaffen ist, d.h. wie groß es insgesamt ist, und wie groß eine Einheit dieses Systems ist. Da die Größe des Systems als Vielfaches der Grundeinheit anzugeben ist, besteht der erste Schritt darin, die Größe einer Einheit festzulegen. Der Befehl

```
\unitlength0.5cm
```

definiert beispielsweise eine Grundeinheit von 0,5 Zentimetern. Positions- und Größenangaben beziehen sich stets auf diese Grundeinheit. Die Größe einer Grundeinheit darf innerhalb eines Textes, aber nicht innerhalb einer Grafik gewechselt werden.

Wie die Grundeinheit zu dimensionieren ist, hängt von der Art der Grafik ab – allgemeingültige Empfehlungen können hier nicht gegeben werden. Bei Grafiken oder

Diagrammen mit zahlreichen Details, die eine sehr exakte Anordnung verlangen, sollten eher kleine Grundeinheiten (etwa 1mm) gewählt werden, bei einfachen Grafiken etwas größere (etwa 0.5cm).

Wenn der Bereich für die Grafik mit \begin{picture} eingeleitet wird, müssen Sie die Ausdehnung des gesamten Koordinatensystems in horizontaler und vertikaler Richtung angeben. Diese Angaben werden von LaTeX als Vielfaches der Grundeinheit interpretiert.

```
\unitlength0.5cm          % Definition der Einheitsgroesse
\begin{picture}(5,5)      % Grafikbereich mit Koordinatensystem
    ...
\end{picture}
```

Hier wurde ein leeres Koordinatensystem mit den Abmessungen 5×5 Grundeinheiten erzeugt, wobei jede Einheit 0,5 Zentimeter lang ist. Die Abbildung rechts zeigt schematisch das mit dem obigen Befehl erzeugte Koordinatenkreuz. Beachten Sie, daß die Größenangaben für das Koordinatensystem in *runde* Klammern eingegeben werden. Wenn Sie die Größe der Grundeinheit nachträglich verändern, „zoomen" Sie damit das Koordinatenkreuz.

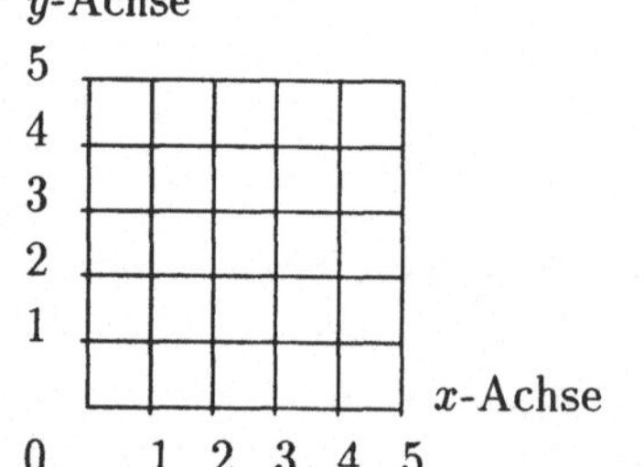

Sie können picture-Bereiche zentrieren, indem Sie sie in \begin{center} und \end{center} einfassen. Außerdem können sie, wie die obige Anordnung zeigt, auch als *minipages* (vgl. Seite 144) neben den Text geschoben werden. Im übrigen können Grafiken ihrerseits Grafiken enthalten, worauf hier aber nicht weiter eingegangen wird.

Der \begin{picture}-Anweisung kann optional ein zweites Parameterpaar übergeben werden. Die beiden Werte definieren den Nullpunkt des Koordinatensystems. Wenn Sie ein Koordinatenkreuz mit \begin{picture}(5,5) definieren, plazieren Sie ein Objekt mit \put(0,0) exakt auf dem Nullpunkt – also in der linken unteren Ecke. Mit dem optionalen Parameterpaar legen Sie die Koordinaten des Nullpunktes explizit fest. Die Anweisung

```
\begin{picture}(5,5)(1,1)
```

definiert ein Koordinatenkreuz mit einer Seitenlänge von fünf Einheiten, wobei der Nullpunkt die Koordinaten (1,1) hat. Die obere rechte Ecke hat aufgrund dessen nicht die Koordinaten (5,5), sondern (6,6). Welchen Sinn hat diese Option? Sie gibt Ihnen die Möglichkeit, nachträglich alle Objekte der Grafik zu verschieben, ohne dafür jede einzelne \put-Anweisung verändern zu müssen. Das Anfügen des zweiten Parameterpaares (1,1) bewirkt ein Verschieben aller Objekte um eine Einheit nach unten und eine Einheit nach links.

15.2 Grafikobjekte plazieren

Die Bausteine einer Grafik werden mit dem \put-Befehl auf dem Koordinatensystem angeordnet. Der Befehl besteht aus zwei Komponenten: aus der Ortsangabe (in Form von Koordinaten) und dem eigentlichen Objekt. Auch hier werden die Koordinaten in *runden* Klammern eingegeben. Bezugspunkt ist der Nullpunkt des Systems, also dessen linke untere Ecke. Die Syntax des Befehls lautet:

```
\put(x,y){Objekt}
```

Wenn Sie Nachkommastellen angeben, verwenden Sie einen Dezimalpunkt, aber kein Komma (z.B. bei \put(3.5,4){...}). Es sind übrigens auch negative Werte zulässig – das Objekt wird dann außerhalb des Koordinatenkreuzes an der korrekten Position angeordnet.

15.3 Grafikobjekte

15.3.1 Text und Textboxen

Einfacher Text

„Ein Text" wird mit der Anweisung

```
\put(1,2){Ein Text}
```

an der Position 1 (x-Achse), 2 (y-Achse) plaziert. Hier die schematische Darstellung innerhalb des Koordinatensystems. Das abgedruckte Koordinatenkreuz dient hier nur der Veranschaulichung, es wird nicht ausgedruckt.

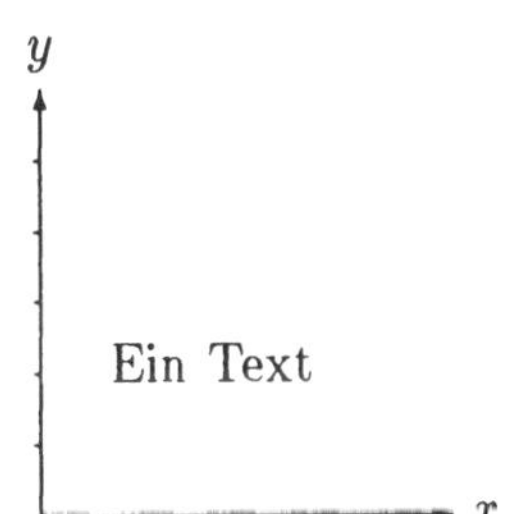

Textboxen

Text kann auch als Box in einen Grafikbereich eingesetzt werden. Der Text wird dafür als Parameter an \makebox oder \framebox übergeben und diese wiederum an \put. Im Gegensatz zu \makebox rahmt \framebox den Text ein. Bei beiden Befehlen müssen Sie, wiederum in *runden* Klammern, die Ausdehnung der Box in x- und y-Richtung angeben. Angenommen, ein gerahmter Text soll an der Position (1,1) des Koordinatensystems plaziert werden. Die eingerahmte Box soll eine Breite von drei Einheiten und eine Höhe von zwei Einheiten aufweisen. Dann ist das Folgende einzugeben.

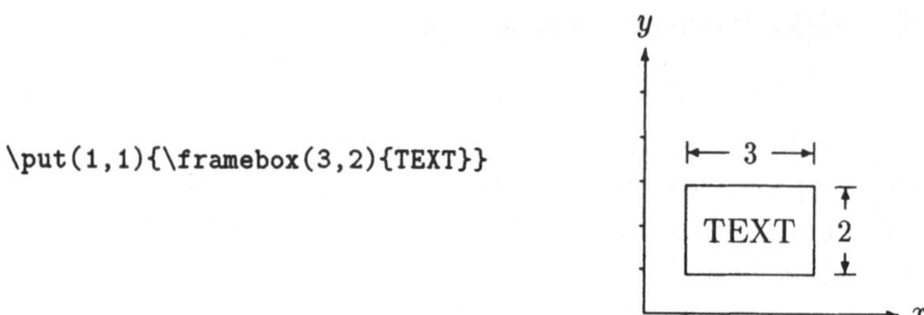

```
\put(1,1){\framebox(3,2){TEXT}}
```

Innerhalb einer Box wird der Text standardmäßig zentriert. Mit einem optionalen Parameter kann eine andere Position des Textes erreicht werden. Die vollständige Syntax des **\framebox**-Befehls sieht also so aus:

```
\framebox(Breite,Hoehe)[Position]{Inhalt}
```

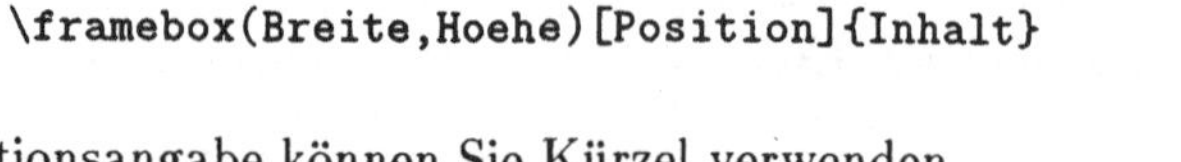

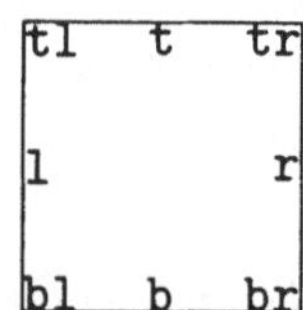

Als Positionsangabe können Sie Kürzel verwenden. Wo der Text mit welchen Kürzeln angeordnet wird, zeigt die nebenstehende Grafik.

Wenn Sie Textelemente in einen durchbrochenen Rahmen setzen möchten, verwenden Sie den **\dashbox**-Befehl. Diesem Befehl wird als zusätzlicher Parameter die Länge der Striche (in Grundeinheiten) mitgegeben.

```
\put(1,1){\dashbox{0.5}(3,3){TEXT}}
```

Die Striche sind eine halbe Grundeinheit lang. Leslie Lamport empfiehlt, die Höhe und Breite der Box als Vielfaches der Strichlänge zu wählen, um ein möglichst ansprechendes Ergebnis zu erzielen.

Textstapel

Bei der Beschriftung von Diagrammen ist es bisweilen notwendig, mehrere Worte oder Buchstaben übereinander anzuordnen, wie im folgenden Beispiel.
Hierfür wird der **\shortstack**-Befehl benutzt. Der Stapel auf der rechten Seite wurde mit der Anweisungssequenz

```
\put(1,1){\shortstack[c]{Das\\ist\\ein\\Stapel.}}
```

erzeugt. Sie erkennen, daß die einzelnen Zeilen durch **** getrennt wurden. Der optionale Parameter dient der Ausrichtung des Textes. Mit **[c]** wird der Text zentriert, **[l]** setzt ihn links- und **[r]** rechtsbündig.
Größere Textpassagen können auch in Absatzboxen (vgl. Seite 143) eingeschlossen und dann in die Grafik eingesetzt werden.

15.3.2 Linien

Linien werden gezogen, indem LaTeX mit einer \put-Anweisung zunächst eine Ursprungskoordinate angegeben wird. Dann wird festgelegt, wieviele Einheiten auf der x– und auf der y– Achse zurückzulegen sind, um einen Punkt zu finden, den die Linie kreuzen soll. Damit hat man ihre Richtung bzw. Steigung vorgegeben. Schließlich ist ihre Länge – als Vielfaches der Grundeinheit – anzugeben. Hier die Befehlssyntax:

```
\put(x,y){\line(Richtung-x-Achse,Richtung-y-Achse){Laenge}}
```

Mit der folgenden Anweisung wird eine fünf Einheiten lange, horizontale Linie entlang der x-Achse gezogen.

```
\put(0,0){\line(1,0){5}}
```

LaTeX wurde damit angewiesen, am Nullpunkt des Koordinatensystems anzusetzen und eine fünf Einheiten lange Linie durch den Punkt (1,0) zu ziehen. Um eine vertikale Linie entlang der y-Achse zu ziehen, ist

```
\put(0,0){\line(0,1){5}}
```

einzugeben. Eine geneigte Linie wird mit dem gleichen Verfahren erzeugt. Dabei definieren die Richtungsangaben die Steigung der Linie.

```
\put(1,1){\line(3,2){4}} % steigende Line
```

Die Längenangabe beschreibt bei geneigten Linien die an der x-Achse gemessene Länge der auf diese Achse projizierten Linie. Die Grafik rechts zeigt, wie sich die mit der obigen Anweisung gezeichnete Linie im Koordinatenkreuz darstellt.

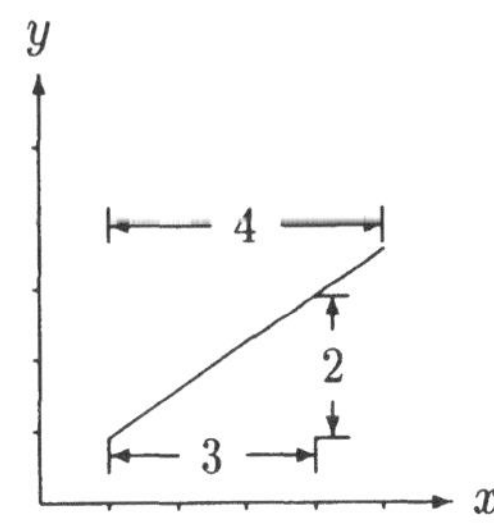

Fallende Linien erhalten Sie mit negativen Werten für die Steigung:

```
\put(1,1){\line(3,-2){4}}  % eine fallende Line
```

LaTeX kann nicht jede beliebige steigende bzw. fallende Linie setzen. Bei der Angabe von Steigung und Länge ist folgendes unbedingt zu beachten:

▷ Die Steigung muß mit ganzzahligen Wertepaaren angegeben werden. Die Werte dürfen zwischen -6 und $+6$ liegen.

▷ Die beiden Werte dürfen keinen gemeinsamen Teiler > 1 haben.

▷ Die Linie muß mindestens 10pt (etwa 3,5 mm) lang sein.

Diese Restriktionen werden im `epic`-Paket (Seite 164) aufgehoben.

15.3.3 Pfeile

Pfeile werden mit dem gleichen Verfahren erzeugt wie Linien. Pfeile beginnen an der
mit \put angegebenen Ursprungskoordinate und deuten in die durch die Richtungs-
werte vorgegebene Richtung. Die nächste Grafik soll das verdeutlichen.

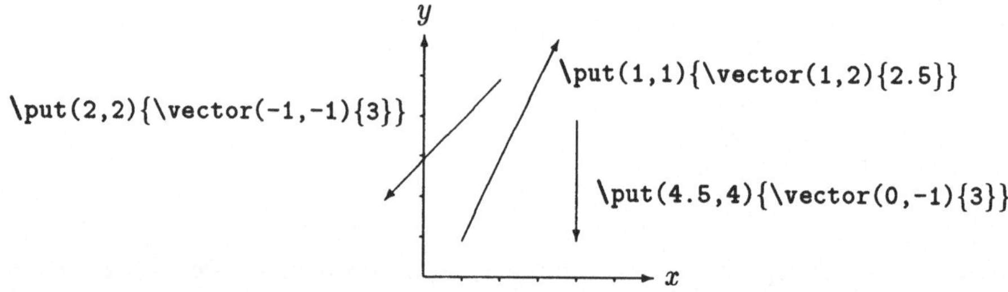

Beachten Sie, daß auch für den \vector-Befehl Restriktionen gelten: Die Wertepaare
für die Steigung dürfen keinen gemeinsamen Teiler > 1 haben, es müssen ganze
Zahlen im Bereich -4 bis $+4$ sein, und schließlich muß der Pfeil länger als 3,5 mm
sein.

15.3.4 Bézierkurven

Mit \qbezier lassen sich quadratische
Bézierkurven zeichnen. Der Befehl erwartet drei Koordinaten und optional die Anzahl der Punkte aus denen die Linie erzeugt werden soll. Die
rechts abgebildete Kurve wurde mit
dem Kommando

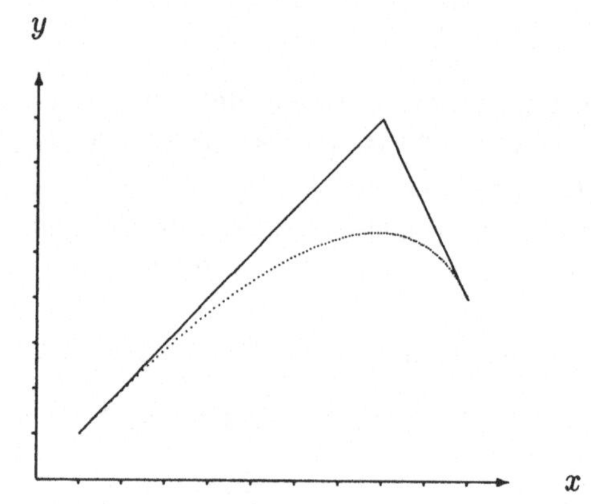

$$\qbezier[110](1,1)(8,8)(10,4)$$

gezeichnet. Die Kurve wurde mit maximal 110 Punkten gezeichnet. Wird
auf diesen optionalen Parameter verzichtet, erscheint sie als durchgezogene
Linie.

15.3.5 Kreise und Kreisflächen

Kreise werden mit dem \circle-Kommando gezeichnet. Der Mittelpunkt des Kreises
wird mit der \put-Anweisung festgelegt. Der Kreisdurchmesser wird als Parameter
an \circle übergeben. Die Befehlsmodifikation mit * bewirkt ein Ausfüllen des
Kreises.

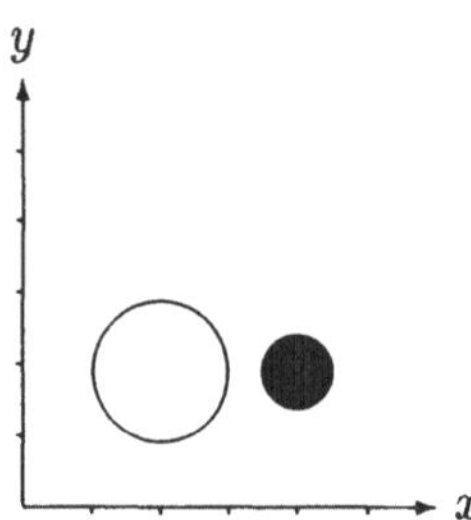

```
\put(2,2){\circle{2}}
\put(4,2){\circle*{1}}
```

Beachten Sie, daß LaTeX nur ein begrenztes Repertoire von Kreisdurchmessern anbieten kann: Der maximale Durchmesser liegt bei Kreisen bei etwa 14mm und bei
Kreisflächen bei etwa 5,3mm.

15.3.6 Gerundete Ecken

Mit der \oval-Anweisung kann ein Rechteck mit abgerundeten Ecken gezeichnet
werden. Mit \put wird der *Mittelpunkt* des Rechtecks festgelegt. Dem \oval-Befehl
wird als Parameter die Breite und Höhe des gesamten Objektes übergeben. In der
folgenden Grafik wurde das Rechteck mit \put(3,2){\oval(4,2)} erzeugt.

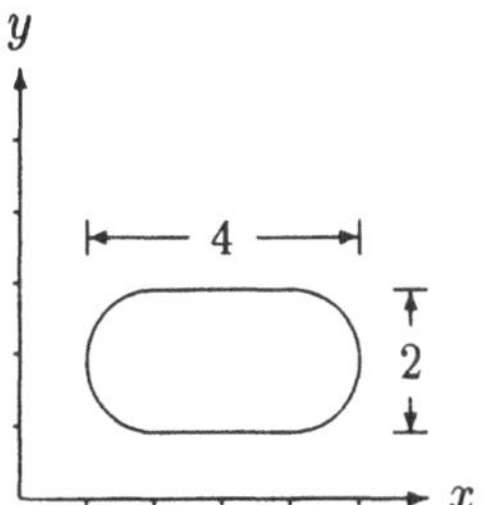

Die Teile eines solchen Rechtecks können auch „einzeln" verwendet werden. Hierfür
wird an \oval ein optionaler Parameter übergeben. Dieser besteht aus Kürzeln, die
die gewünschte Komponente beschreiben. Dabei steht l für den linken, r für den
rechten, t für den oberen und b für den unteren Teil des Objektes. Die Parameter
können kombiniert werden. Beachten Sie, daß die eckige Klammer *hinter* den Befehl
zu setzen ist.

Bei der nebenstehenden Grafik wurde der rechte
obere Teil eines Rechtecks mit gerundeten Ecken
verwendet. Hierfür wurde

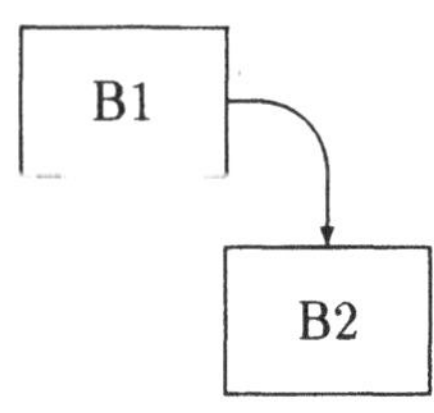


```
\put(3,3){\oval(3,2)[tr]}
```

eingegeben. Der Pfeil wurde dann mit

```
\put(4.5,3){\vector(0,-1){1}}
```

erzeugt. Für die beiden Kästen wurde die \frame-
box-Anweisung verwendet.

15.4 Objekte vervielfältigen

Wenn identische Objekte mehrfach hintereinander ausgegeben werden sollen, ist es nicht nötig, diese auch wiederholt einzugeben. Der \multiput-Befehl wiederholt die Ausgabe, so oft dies gewünscht wird.

```
\begin{picture}(6,6)
  \multiput(1,1)(1,1){5}{$\diamond$}
\end{picture}
```

Mit dem ersten Klammerpaar wird der Ausgangspunkt der Reihe festgelegt. Im zweiten wird angegeben, in welchen Abständen (in Richtung der x- und der y-Achse) die Wiederholung erfolgen soll. Schließlich werden die Anzahl der Wiederholungen und das Objekt selbst angegeben. Im Beispiel wurde das mathematische Symbol $\diamond$ fünfmal wiederholt. Das erste Symbol wurde an der Position (1,1) ausgegeben. Das zweite an der Position eine Einheit weiter rechts und eine Einheit weiter oben, usw.

Ein Teil des in diesem Kapitel verwendeten Koordinatenkreuzes wurde mit dem \multiput-Befehl erzeugt – so wurde die Eingabe jedes einzelnen Teilungsstriches gespart (siehe Quelltext auf Seite 160).

15.5 Veränderung der Linienstärke

Die Linienstärke der Grafikobjekte kann mit dem \thicklines-Befehl verändert werden. Von den etwas dickeren Linien, die Sie nach dieser Anweisung erhalten, kann mit \thinlines wieder auf den Standardwert umgeschaltet werden.

Die Stärke waagerechter und senkrechter Linien einer Grafik kann mit \linethickness festgelegt werden. Zum Beispiel bewirkt \linethickness{0.5mm} eine Ausgabe fetterer Linien.

15.6 Objekte einrahmen

Mit der \frame-Anweisung lassen sich Rahmen um einzelne Objekte ziehen. Der Rahmen wird von LaTeX automatisch der Größe des Objektes angepaßt.

```
\begin{picture}(6,6)
  \put(2,2){
    \frame{
      \shortstack{Text\\im\\Rahmen}
    }
  }
\end{picture}
```

Diese Art, einen Rahmen zu ziehen, gelingt nicht bei allen Objekten. Wo der Versuch fehlschlägt, ist mit \framebox zu arbeiten. Mit \frame lassen sich auch komplette Grafiken rahmen. Dies wird im folgenden Textauszug schematisch gezeigt.

```
\frame{
  \begin{picture}(6,6)

    ...

  \end{picture}
}
```

15.7 Objekte speichern

Grafikobjekte können wie Boxen[1] als eine Art Textbaustein hinterlegt und innerhalb des Dokumentes immer wieder abgerufen werden. Dafür wird LaTeX mit \newsavebox zunächst der Name des Objektes bekanntgegeben. Dann wird dem Namen mit \savebox das Objekt zugeordnet. An \savebox wird der Name, die Abmessung und schließlich das Objekt selbst übergeben. Die Befehlssyntax lautet

```
\savebox{\Name}(Breite,Hoehe){Objekt}
```

Mit \usebox wird das gespeicherte Objekt abgerufen. Im folgenden Beispiel wird unter dem Namen \logo ein Schriftzug abgelegt und später abgerufen.

```
  ...

  \newsavebox{\logo}
  \savebox{\logo}(3,1.5){Feinbein Software}

  ...

  \begin{picture}(6,6)

    ...

    \put(2,2){\usebox{\logo}}

    ...
```

Auf diese Weise lassen sich auch komplexere Grafikelemente speichern. In diesem Kapitel wurde z.B. an verschiedenen Stellen ein Koordinatenkreuz verwendet, um die Wirkung einzelner Befehle zu veranschaulichen. Das Kreuz wurde dafür am Textanfang als Baustein hinterlegt und später mit \usebox abgerufen. Im unten abgedruckten Quelltext finden Sie die folgende, im ersten Moment etwas schwer verständliche Zeile:

```
\savebox{\kkreuz}(0,0)[bl]{

    ...

}
```

---

[1]siehe Seite 142.

Unter dem Namen **\kkreuz** wird hier der nachfolgende Inhalt als Box abgelegt,
deren Höhe und Breite gleich Null ist. Der Parameter **[bl]** bewirkt, daß der Inhalt
an der unteren linken Ecke dieser Pseudobox ausgegeben wird. So wird erreicht, daß
das zwischengespeicherte Objekt exakt an dem Punkt plaziert wird, der mit der
\put-Anweisung beim Abruf angegeben wird.

```
\newsavebox{\kkreuz}                          % Namen vergeben
\savebox{\kkreuz}(0,0)[bl]{                    % Koordinatenkreuz
  \put(0,0){\vector(1,0){6}}                   % x-Achse
  \put(0,0){\vector(0,1){6}}                   % y-Achse
  \put(6.5,0){\makebox(0,0){$x$}}              % Beschriftung
  \put(0,6.5){\makebox(0,0){$y$}}
  \multiput(1,-0.1)(1,0){5}{\line(0,1){0.1}} % Teilung x-Achse
  \multiput(-0.1,1)(0,1){5}{\line(1,0){0.1}} % Teilung y-Achse
}
```

Im Text wird das Objekt folgendermaßen abgerufen:

```
\begin{picture}(6,6)
  \put(0,0){\usebox{\kkreuz}} % Koordinatenkreuz einsetzen
  \put(2,2){\circle{1}}        % einen Kreis zeichnen
\end{picture}
```

Bei häufig verwendeten Objekten halten Sie Ihre Texte mit diesem Verfahren kurz
und übersichtlich. Außerdem müssen Änderungen an diesen Objekten nur an einer
einzigen Stelle vorgenommen werden. Wenn Objekte in unterschiedlichen Texten
Verwendung finden, sollten Sie sie in separaten Dateien ablegen. Mit der **\input**-
Anweisung können sie dann am Textanfang bereitgestellt werden (siehe hierzu auch
Seite 175).

15.8   Bewegliche Grafiken

Wie bei Tabellen kann es auch bei Grafiken sinnvoll sein, diese als beweglich zu
kennzeichnen. Auf das grundsätzliche Verfahren wurde bereits in Kapitel 12.2.6 auf
Seite 115ff. eingegangen, deshalb folgt hier nur eine sehr knappe Darstellung.[2]

Um eine Grafik entsprechend zu kennzeichnen, ist sie in einen Bereich **figure** einzusetzen.

```
\begin{figure}
  ...
\end{figure}
```

---

[2]Wenn Sie bewegliche Grafiken am Textende gesammelt ausgeben möchten, sollten Sie das
endfloat-Paket laden, das auf Seite 117 kurz besprochen wurde.

```
┌─────────────┐
│             │
│             │
│    Leer     │
│             │
│             │
└─────────────┘
```

Abbildung 15.1: Eine bewegliche Grafik

Die Befehlsmodifikation mit * und die optionalen Parameter haben die gleiche Funktion wie beim Bereich `table` (eine Beschreibung finden Sie auf Seite 115). Das `flafter`-Paket von Frank Mittelbach hat auf `figure`-Bereiche die gleiche Wirkung wie auf `table`-Bereiche (s.d.).

Mit `\caption` kann der Grafik ein Untertitel und (optional) ein Kurztitel für das Abbildungsverzeichnis zugewiesen werden. Es erfolgt eine automatische Numerierung und die Aufnahme in das Verzeichnis der Abbildungen, das mit `\listoffigures` in den Text (im allgemeinen hinter dem Inhaltsverzeichnis) eingefügt werden kann. Hierzu ein Beispiel:

```
\begin{figure}              % als beweglich kennzeichnen
  \begin{center}            % zentrieren
    \begin{picture}(6,6)
      \put(0,0){\framebox(5,5){Leer}}
    \end{picture}
    \caption[Beispiel]{Eine bewegliche Grafik} % Titel
  \end{center}
\end{figure}
```

bewirkt die Ausgabe von Grafik 15.1. Sie würde unter dem Titel „Beispiel" im Verzeichnis der Abbildungen aufgeführt.

Grafiken, die nicht als beweglich gekennzeichnet wurden, können mit der `\addcontentsline`-Anweisung im Verzeichnis der Abbildungen aufgeführt werden. Wie vorzugehen ist, zeigt der folgende Textauszug:

```
\begin{center}
  \begin{picture}(6,6)
    \put(0,0){\framebox(5,5){Leer}}
  \end{picture}

  Ein simples Beispiel              % Untertitel
\end{center}
\addcontentsline{lof}{figure}{Ein Beispiel}
```

Die Anweisung in der letzten Zeile bewirkt, daß der Titel der Grafik der von LaTeX
verwendeten Hilfsdatei mit der Extension `.lof`[3] zugefügt wird. Die Grafik wird
dadurch unter dem Titel „Ein Beispiel" im Verzeichnis der Abbildungen aufgeführt
(soweit dieses mit `\listoffigures` in den Text eingefügt wird).

15.9   Eingebettete Grafiken

Wenn Sie Grafiken in Ihren Text einbetten möchten,
können Sie Grafik und Text in eigene *minipages*
packen und nebeneinander plazieren.[4] Eine Alternative hierzu bietet das Paket `wrapfig` von Donald
Arseneau, mit dem Sie Text um Ihre Grafiken laufen lassen können. Nachdem das Paket geladen ist,
legen Sie einen `wrapfigure`-Bereich an, in den Sie die Grafik dann einsetzen. Als
Parameter übergeben Sie zuerst die Positionierung der Grafik im Text: ein `r` für eine
rechtsseitige oder ein `l` für eine linksseitige Einbettung. Als zweiter Parameter wird
die Breite des Objektes übergeben. Die Grafik kann irgendwo in Ihrem Text eingefügt
werden, auch innerhalb des Absatzes. Das Beispieldiagramm wurde am Anfang des
Absatzes eingefügt, ohne daß eine Leerzeile Text und `wrapfigure`-Bereich trennten.
Hier der Quelltext:

```
\begin{wrapfigure}{r}{5cm}
  \begin{barenv}
    \setnumberpos{empty}
    \setwidth{12}
    \sethspace{0.3}
    \setstyle{\footnotesize}
    \setyaxis{0}{50}{10}
    \setxaxis{1}{8}{1}
    \bar{5}{1}
    ...
  \end{barenv}
\end{wrapfigure}
Wenn Sie Grafiken in Ihren Text einbetten m"ochten,
  ...
```

Mit diesem Verfahren lassen sich natürlich auch externe Grafiken im Text positionieren. Wenn Sie Formeln mit diesem Verfahren einbetten, können Sie die Anzahl der
„kurzen" Zeilen mit einem optionalen Parameter festlegen. Damit verhindern Sie,
daß der Formel zu viel Platz eingeräumt wird. `\begin{wrapfigure}[4]{r}{3cm}`
würde z.B. benutzt, um eine Formel in einer Aussparung von vier Zeilen Höhe einzusetzen.

---

[3]Siehe auch Seite 208.
[4]vgl. Kap. 14.2 auf Seite 144.

Im Gegensatz zu einem `wrapfigure`-Bereich wird bei einem `floatingfigure`-Bereich die Plazierung der Grafik nicht direkt von Ihnen gesteuert. Das `floatfig`-Paket von Thomas Kneser, das diesen Bereich bereitstellt, ordnet die Grafiken im Prinzip wie gewöhnliche bewegliche Grafiken an,[5] mit dem Unterschied, daß sie eben von Text umflossen werden. Der folgende Quelltextauszug zeigt, wie das Paket zu nutzen ist:

```
...                          % Praeambel
\usepackage{floatfig}        % Paket laden
\begin{document}             % Textbereich
  \initfloatingfigs          % Paket initialisieren
  ...
  \begin{floatingfigure}{6cm} % 6cm breite bewegliche
    \begin{picture}(6,10)     % Grafik
    ...
    \end{picture}
    \caption{...}             % Untertitel
  \end{floatingfigure}
  ...
```

Beachten Sie, daß das Paket zunächst mit einer `\initfloatingfigs`-Anweisung zu initialisieren ist, erst dann kann ein entsprechender Bereich angelegt werden. In diesem Fall nimmt er eine sechs Zentimeter breite Grafik auf, die mit einem Untertitel versehen wurde. `floatingfigure`-Bereiche sind stets zwischen zwei Absätzen einzugeben. Da die Grafiken von Text umflossen werden, darf ihre Breite ein sinnvolles Maß nicht überschreiten.

15.10 Bezüge auf Grafiken

Um Bezüge auf Grafiken herstellen zu können, muß innerhalb der `\caption`-Anweisung ein *label* deklariert werden, wie das im nächsten Beispiel demonstriert wird.

```
\begin{figure}
  \begin{center}
    \begin{picture}(6,6)
      \put(0,0){\framebox(5,5){Leer}}
    \end{picture}
    \caption{Eine bewegliche Grafik\label{Bsp}}
  \end{center}
\end{figure}
```

---

[5]Das bedeutet z.B., daß die Grafik unter Umständen erst auf der nächsten Seite erscheint, wenn das System auf der aktuellen Seite keine geeignete Stelle finden konnte.

Der Verweis auf diese Grafik ist im Text z.B. folgendermaßen möglich:

```
Wie Abbildung \ref{Bsp} auf Seite \pageref{Bsp} zeigt...
```

15.11 Grafikergänzungen

In den folgenden Teilkapiteln werden vier Pakete vorgestellt, die die Grafikfähigkeiten von LaTeX ergänzen.

15.11.1 Diagramme

`epic` von Sunil Podar ist ein Paket, das das Zeichnen in `picture`-Bereichen erheblich vereinfachen kann. Die Kommandos, die hier kurz vorgestellt werden, sind alle innerhalb von `picture`-Bereichen einzugeben.

`\multiputlist` plaziert Elemente aus einer Liste entlang einer gedachten Linie. Übergeben wird der Ursprungspunkt im Koordinatensystem, dann die horizontalen und vertikalen Abstände für die Wiederholung, sowie eine Liste der auszugebenden Elemente. Der Befehl hat eine ähnliche Funktion wie `\multiput`, erlaubt aber die Ausgabe unterschiedlicher Objekte:

```
        D              \begin{picture}(4,4)
      C                   \multiputlist(0,0)(1,1){A,B,C,D}
    B                  \end{picture}
A
```

`\matrixput` ist eine zweidimensionale Erweiterung des `\multiput`-Befehls. Übergeben werden die Ursprungskoordinaten, dann die horizontalen und vertikalen Abstände für die Wiederholung, anschließend wird die Anzahl der auszuführenden `\multiput`-Anweisungen angegeben und dann die Parameter, die man bei `\multiput` verwendet hätte.

```
\matrixput(0,0)(2,0){4}(0,1){5}{$\otimes$}
```

In diesem Beispiel wird ab dem Punkt 0,0 im Abstand von 2 Einheiten in horizontaler Richtung viermal die folgende Anweisung ausgeführt: Entlang einer gedachten vertikalen Linie mit der Steigung 0,1 wird fünfmal das Symbol $\otimes$ (`$\otimes$`) ausgegeben.

`\grid` generiert – wie Abbildung 15.2 zeigt – ein Raster der übergebenen Breite. Als weiteres Parameterpaar wird der Abstand der Linien übergeben. Optional kann eine Beschriftung der Achsen erfolgen, wofür dann der erste x- und y-Wert anzugeben sind.

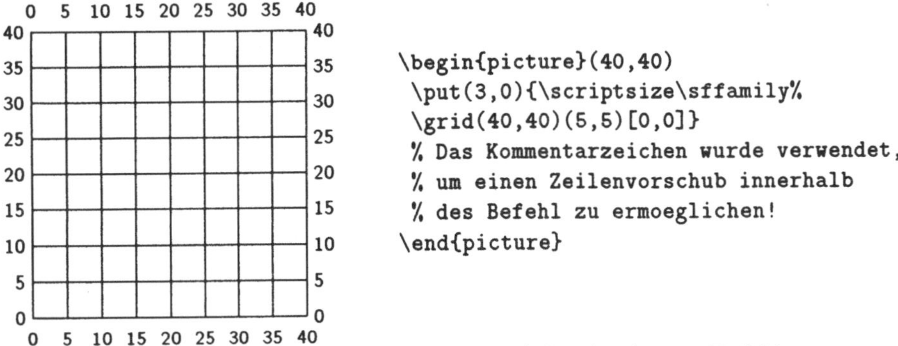

```
\begin{picture}(40,40)
 \put(3,0){\scriptsize\sffamily%
\grid(40,40)(5,5)[0,0]}
% Das Kommentarzeichen wurde verwendet,
% um einen Zeilenvorschub innerhalb
% des Befehl zu ermoeglichen!
\end{picture}
```

Abbildung 15.2: Ein Beispiel für den \grid-Befehl

Die Anweisung \grid(40,40)(5,5)[0,0]} erzeugt ein vierzig mal vierzig Einheiten großes Raster, dessen Zellen jeweils fünf Einheiten hoch und breit sind. Die Achsen sind beschriftet, die Teilung beginnt jeweils bei 0. Die \put-Anweisung wurde verwendet, um das Raster im picture-Bereich zu positionieren. Wie Sie sehen, kann die Gestaltung der Beschriftung mit Befehlen für die Zeichenformatierung gesteuert werden, die dem \grid-Kommando vorangestellt werden.

Das epic-Paket unterstützt auch das Zeichen von Linien. \dottedline produziert gepunktete Linien. Dem Kommando wird als erster Parameter der Punktabstand (in Grundeinheiten) übergeben. Es folgt eine Liste von Koordinaten, durch die die Linie laufen soll. Bei der Anzahl der Koordinaten ist lediglich zu beachten, daß epic mit weniger als zwei Angaben verständlicherweise nichts anfangen kann.

```
\dottedline{2}(0,0)(20,20)(30,40)
```

zeichnet eine Line, deren Punkte zwei Einheiten voneinander entfernt liegen. Sie beginnt bei 0,0 und durchläuft 20,20 und 30,40. Das Zeichen, aus dem die Linie gebildet wird, kann mit einem optionalen Parameter frei gewählt werden. Für die zweite Linie der Beispielgrafik 15.3 wurde das mathematische Symbol * (\ast) verwendet. Hier der Quelltext:

```
\begin{picture}(50,50)
  \thicklines
  \put(0,0){\scriptsize\sffamily \grid(40,40)(5,5)[0,0]}
  \dottedline{1}(0,0)(20,20)(30,40)
  \dottedline[$\ast$]{2}(0,0)(15,10)(40,40)
  \dashline{3}(0,0)(20,5)(30,15)(40,30)
  \drawline(0,0)(10,30)(35,40)
\end{picture}
```

Mit der vorletzten Anweisung innerhalb des picture-Bereichs wird gezeigt, wie durchbrochene Linien gezeichnet werden. Als Parameter wird an \dashline die

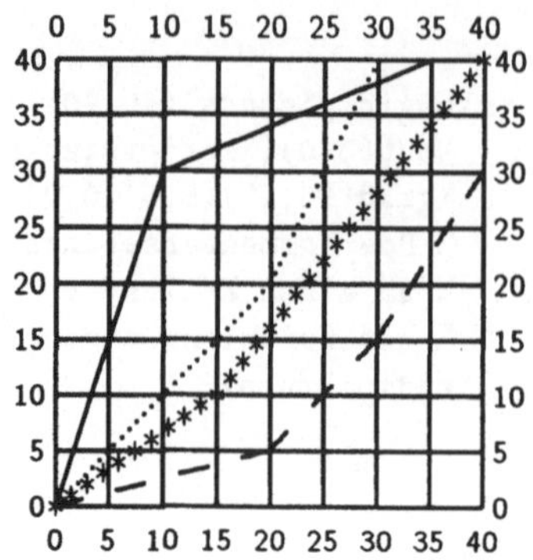

Abbildung 15.3: Raster und Linien des `epic`-Paketes

Länge der Teilstriche (in Grundeinheiten) übergeben, dann eine Reihe von Koordinaten, die die Linie durchlaufen soll. Der Befehl kennt zwei optionale Parameter: hinter dem Längenparameter kann der Abstand zwischen den Punkten angegeben werden, aus denen die Linien erzeugt werden.

Mit der Anweisung `\dashline{3}[1](0,0)(20,5)(30,15)(40,30)` zeichnet man eine durchbrochene Linie, deren Teile aus Punkten zusammengesetzt werden, die im Abstand von einer Grundeinheit angeordnet werden.

`\drawline` wird eingesetzt, wenn durchgezogene Linien zu zeichnen sind. Als Parameter werden lediglich die zu durchlaufenden Koordinaten angegeben. Im Beispiel wurde außerdem der Befehl `\thicklines` verwendet, um die Linien etwas kräftiger erscheinen zu lassen.

Wenn Sie *größere* Datenmengen grafisch aufbereiten möchten, kann es sich empfehlen, die Koordinaten aus einer externen Datei einzulesen. Mit dieser Möglichkeit bildet das `epic`-Paket eine einfach nutzbare Schnittstelle zu Statistikprogrammen etc. Im nächsten Beispiel werden die Daten aus einer Datei `excel.put` bezogen. Der zweite Parameter des `\putfile`-Kommandos definiert das auszugebende Zeichen. `\picsquare` bewirkt die Ausgabe eines kleinen schwarzen Vierecks. Sie können freilich auch ein anderes Symbol wählen. `\putfile{excel.put}{$\Box$}` würde die Kurve aus kleinen Quadraten zusammensetzen. Das folgende Beispiel zeigt, wie eine (in diesem Fall unter Excel als ASCII-File gespeicherte) Datei mit 80 Koordinatenangaben importiert wird.

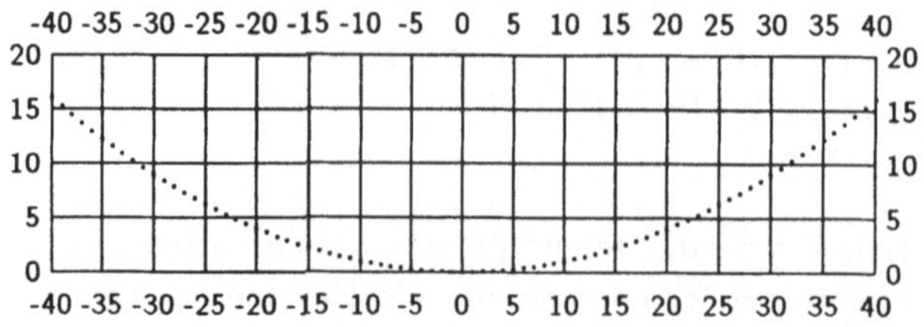

```
\begin{center}
  \begin{picture}(80,40)
    \put(0,0){\scriptsize\sffamily \grid(80,20)(5,5)[-40,0]}
    \thicklines % etwas fettere Darstellung
    \put(40,0){\putfile{excel.put}{\picsquare}}
  \end{picture}
\end{center}
```

Die Eingabedatei hat ein simples, leicht erzeugbares Format: die x- und y-Werte werden zeilenweise, durch ein- oder mehrere Leerzeichen getrennt gespeichert. Das %-Symbol kann, wie der Auszug rechts zeigt, auch hier als Kommentarzeichen verwendet werden. Statt des Kommas werden übrigens auch Punkte akzeptiert.

```
% Eine Excel-Datei
-40 16
-39 15,21
-38 14,44
-37 13,69
...
```

15.11.2 Balkendiagramme

Mit dem Paket `bar` von J. Bleser und E. Lang lassen sich auf schnelle und unkomplizierte Weise Balkendiagramme erstellen. Ein Diagramm wird stets in einen `barenv`-Bereich eingebettet. Der Befehl `\bar` erzeugt einen Balken, dessen Höhe und Füllmuster als Parameter übergeben werden. Optional kann ein Untertitel angehängt werden: `\bar{30}{8}` zeichnet einen Balken mit der Höhe 30 und dem Füllmuster 8. Folgende Schraffurmuster stehen zur Verfügung und können über ihre Nummer abgerufen werden:

$\square$ = 1 $\qquad$ = 2 $\qquad$ = 3 $\qquad$ = 4

= 5 $\qquad$ = 6 $\qquad$ = 7 $\blacksquare$ = 8

Die Schriftart der Untertitel kann direkt eingegeben werden, wie das Beispiel unten zeigt. Die Schriftart der Achsenbeschriftung kann für den ganzen Bereich mit dem Kommando `\setstyle` festgelegt werden. `\setstyle{\sffamily}` bewirkt die Ausgabe in einer serifenlosen Schrift.

Mit den Befehlen `\setxaxis` und `\setyaxis` wird die Teilung von x- bzw. y-Achse vorgegeben. Die Befehle erhalten als Parameter den Startwert, den Endwert und die Schrittweite. Hier nun ein erstes Beispiel.

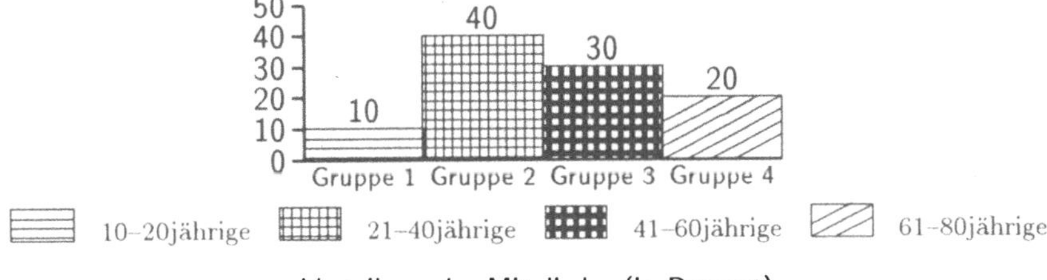

Dieses Diagramm erhält man mit dem folgenden Quelltext:

```
\begin{center}
  \begin{barenv}
    \setstyle{\sffamily}      % Achsenbeschriftung
    \setyaxis{0}{50}{10}      % y-Achse
    \bar{10}{3}[\footnotesize \sffamily Gruppe 1]
    \bar{40}{4}[\footnotesize \sffamily Gruppe 2]
    \bar{30}{5}[\footnotesize \sffamily Gruppe 3]
    \bar{20}{6}[\footnotesize \sffamily Gruppe 4]
  \end{barenv}

  \bigskip                    % ausserhalb des barenv-
                              % Bereichs:
  \begin{footnotesize}        % Die Legende
    \legend{3}{10--20j"ahrige}\quad
    \legend{4}{21--40j"ahrige}\quad
    \legend{5}{41--60j"ahrige}\quad
    \legend{6}{61--80j"ahrige}
  \end{footnotesize}

  \medskip                    % Untertitel
  \textsf{\small Verteilung der Mitglieder (in Prozent)}
\end{center}
```

Sie sind übrigens nicht auf ganzzahlige oder positive Werte beschränkt. Bei korrekter
Definition der Achsenteilung sind Eingaben wie `\bar{-4}{2}` oder `\bar{4.3}{2}`
zulässig. Die Anzahl der Nachkommastellen der Achsenteilung legen Sie mit
`\setprecision` fest: `\setprecision{2}` versieht die Werte auf den Achsen mit
zwei Nachkommastellen. Der Befehl wirkt auf die *nachfolgenden* Kommandos für
die Achsenteilung, so daß Sie eine Achse von dieser Vorgabe ausnehmen können,
indem Sie ihre Teilung vorher definieren. Bei kleinen Werten kann es sinnvoll sein,
ein Diagramm mit `\setstretch` vertikal zu skalieren, um die Unterschiede zwischen
den Balken markanter hervortreten zu lassen. Dem Kommando – das am Anfang
des `barenv`-Bereiches unterzubringen ist – wird der gewünschte Faktor übergeben.

Im unteren Teil des Listings sehen Sie den `\legend`-Befehl. Diesem wird als erster
Parameter die Nummer des Schraffurmusters übergeben, auf das sich das Legen-
denkästchen beziehen soll, dann der eigentliche Text.[6] Um etwas Raum zwischen
die Erklärungen zu bringen, wurde hier ein `\quad` eingeschoben.

Die beiden Achsen können mit einem Titel versehen werden, verwenden Sie hierfür
`\setxname` und `\setyname`. Mit `\setyname{\emph{y}}` setzen Sie ein kursives *y*
über diese Achse.

---

[6]Wenn Sie in Ihren Grafiken Probleme mit der Ausgabe einer Legende bekommen, setzen Sie
`unitlength` auf einen kleinen Wert (z.B. mit `\unitlength1pt`).

Bei der Gestaltung des unten abgebildeten Diagrammes wird der Befehl `\setwidth` verwendet, mit dem die Breite der Balken festgelegt werden kann. `\sethspace` schiebt einen Zwischenraum zwischen die Balken. Übergeben wird das gewünschte Vielfache der Balkenbreite.

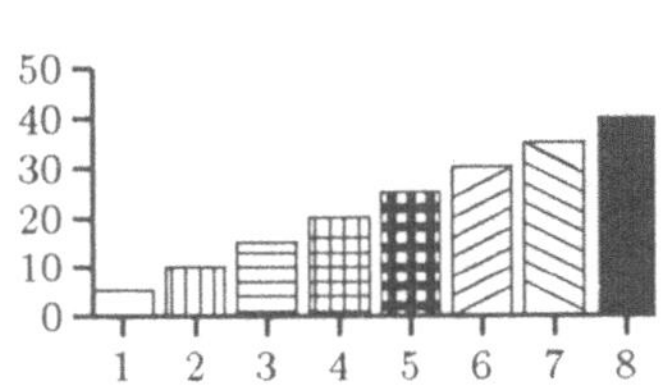

```
\begin{barenv}
  \setnumberpos{empty}
  \setwidth{12}
  \sethspace{0.3}
  \setstyle{\footnotesize}
  \setyaxis{0}{50}{10}
  \setxaxis{1}{8}{1}
  \bar{5}{1}
  \bar{10}{2}
  ...
```

`\setnumberpos` ist ein Kommando, mit dem die Positionierung der Wertangaben gesteuert wird. Normalerweise wird der Wert, den ein Balken repräsentiert, oberhalb seiner Spitze ausgegeben (es sei denn, der Balken verkörpert einen Wert kleiner 0, dann steht die Angabe unterhalb des Balkens). Der Befehl akzeptiert folgende Parameter:

Parameter	Ausgabe	Parameter	Ausgabe
`outside`	Standard	`up`	immer oberhalb
`empty`	keine	`down`	immer unterhalb
`inside`	innerhalb der Balken	`axis`	an der x-Achse

`\setnumberpos`-*Parameter*

Mit dem `\setdepth`-Kommando erreichen Sie eine dreidimensionale Darstellung. Übergeben Sie bitte einen Wert $>= 10$.

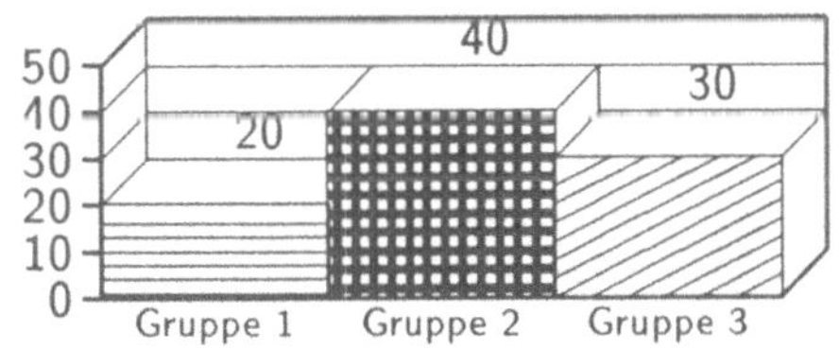


```
\begin{barenv}
  \hlineon
  \setlinestyle{solid}
  \setdepth{10}
  \setwidth{50}
  ...
```

Mit dem `\hlineon`-Kommando wurden die horizontalen Orientierungslinien eingezogen. Voreingestellt sind gepunktete Linien. Mit `\setlinestyle{solid}` wurde auf durchgezogene Linien umgeschaltet.

Die Teilung der x-Achse kann auch in Form von Monaten oder Tagen ausgegeben werden. Übergeben Sie dafür dem Befehl `\setxvaluetyp` die Option **month** oder **day**.

```
\begin{barenv}
  \setxvaluetyp{month}
  \setxaxis{2}{4}{1}
  \setyaxis{0}{30}{10}
  \bar{10}{3}
  \bar{20}{6}
  \bar{30.25}{5}
\end{barenv}
```

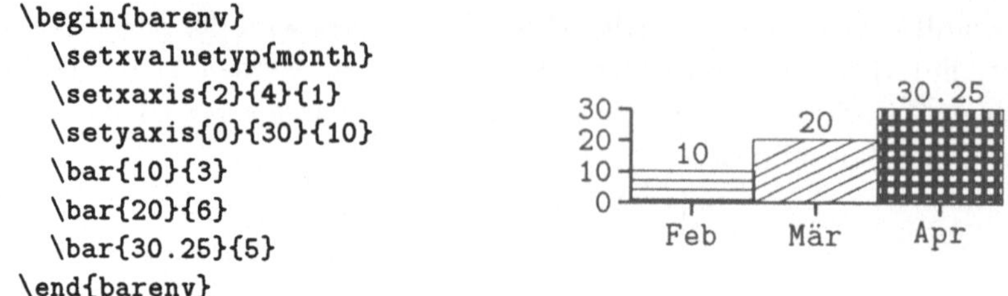

Geben Sie als Startwert für die Teilung der x-Achse den gewünschten Monat oder Tag ein: Eine 1 steht für Januar bzw. Montag, eine 2 für Februar bzw. Dienstag usw.

15.11.3 Millimeterpapier

Wenn Sie das **graphpap**-package laden, können Sie Ihren Grafiken „Millimeterpapier" unterlegen. Verwenden Sie hierfür den **\graphpaper**-Befehl. Diesem wird als erstes Parameterpaar die Position der unteren linken Ecke des Gitters übergeben. Ein zweites Parameterpaar definiert seine Ausdehnung.

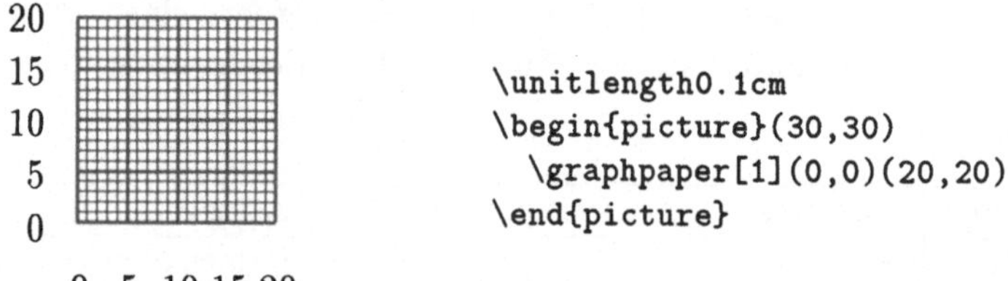

```
\unitlength0.1cm
\begin{picture}(30,30)
    \graphpaper[1](0,0)(20,20)
\end{picture}
```

Der Befehl **\graphpaper(0,0)(50,50)** legt ein Gitter an, das im Nullpunkt des Koordinatensystems positioniert wird und sich über jeweils 50 Grundeinheiten nach rechts und nach oben ausdehnt. Standardmäßig liegen die Linien des Gitters zehn Grundeinheiten (die Sie mit **\unitlength** definiert haben) auseinander. Mit einem optionalen Parameter können Sie das ändern.

\graphpaper[1](0,0)(50,50) zeichnet das Gitter mit einer Teilung von *einer* Grundeinheit. Die zwei Beispiele illustrieren die Wirkung des optionalen Parameters. Als Parameter dürfen an das **\graphpaper**-Kommando nur ganze Zahlen übergeben werden.

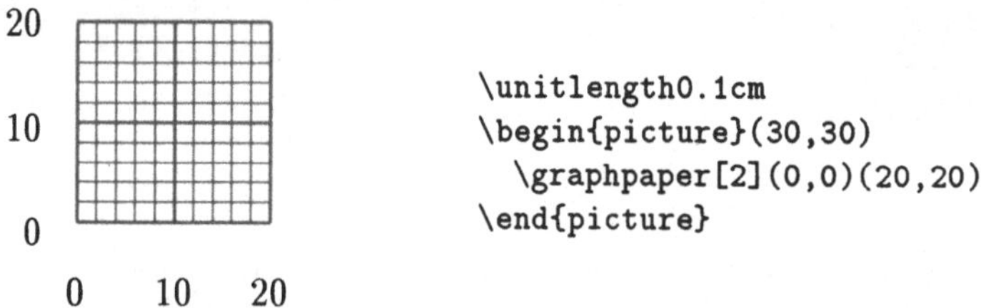

```
\unitlength0.1cm
\begin{picture}(30,30)
  \graphpaper[2](0,0)(20,20)
\end{picture}
```

15.11.4 Bäume

Bäume lassen sich mit den Funktionen des **trees**-Packetes von Peter Vanroose zeichnen. Zunächst ist ein **picture**-Bereich anzulegen. Hier wird die Wurzel unter Angabe ihrer Koordinaten plaziert. **\root(0,10) 0.** legt bei 0,10 die Wurzel an, der ein

Objekt mit der Nummer 0 folgt. An der Wurzel werden weitere Objekte angekoppelt. Dafür stehen die folgenden Kommandos zu Verfügung:

```
\branch2{Titel} Nummer:Nachfolger_Nummer(n).
```

erzeugt eine Verzweigung mit einem Titel und einer Nummer. Einem Doppelpunkt folgen die Nummern der anhängenden Objekte. Mehrere Nummern werden durch Kommata getrennt. Dem Befehl folgt ein Punkt.

```
\leaf{Text_oben}{Titel} Nummer.
```

erzeugt ein Blatt mit einem darüberstehenden Text und einem Titel. Der Nummer des Blattes folgt ein Punkt. Der nachfolgende Quelltext zeigt, wie vorzugehen ist.

```
\unitlength2mm
\begin{picture}(50,50)                   % ein picture-Bereich
  \root(10,25) 0.                        % Position der Wurzel
    \branch2{Mutter} 0:1,2.              % erste Verzweigung 0
                                         % fuehrt zu Objekten 1 und 2
      \branch2{Kind 1} 2:3,4.           % Objekt 2 Verzweigung zu 3 und 4
        \branch2{Enkel 1.1} 3:5,6.      % Objekt 3: Verzweigung zu 5 und 6
          \leaf{5}{Urenkel 1.1.1} 5.    % 5 und 6
          \leaf{6}{Urenkel 1.1.2} 6.    % sind Blaetter
        \leaf{4}{Enkel 1.2} 4.          % Objekt 4: Blatt von 2
      \leaf{1}{Kind 2} 1.               % Blatt 1 von Verzweigung 0
\end{picture}
```

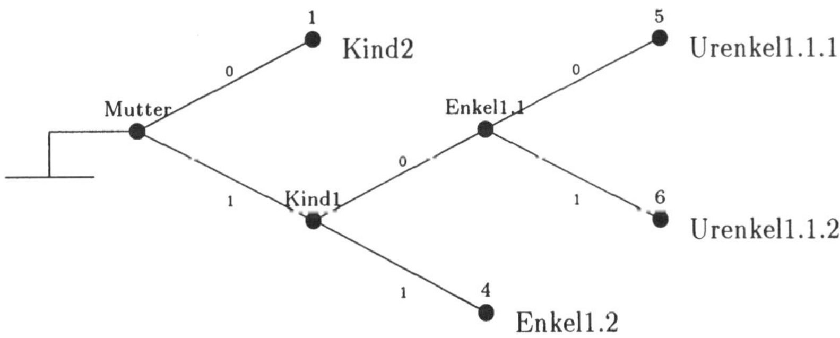

Mit `\branchlabels` spezifizieren Sie die Überschriften über den Ästen: Zum Beispiel beschriftet sie `\branchlabels abc` mit *a*, *b* und *c*. `\tbranch2` ist anstelle von `\branch2` zu verwenden, wenn einem Knoten drei Objekte folgen.

15.12 Einbindung externer Grafikdateien

Das Programm `bm2font` von Friedhelm Sowa erlaubt die Einbindung von Grafikdateien, wie `.pcx`-Files, in LaTeX-Texte. Die Software zerlegt die Grafik dafür in Teilbereiche, für die sie Zeichensätze generiert. Beim Ausdruck entsteht aus der Kombination dieser Zeichen die Grafik. Angenommen, Sie möchten eine Datei `diagr.pcx` in Ihren Text aufnehmen, dann ist folgendermaßen vorzugehen:

▷ Zuerst wird die Datei mit `bm2font` bearbeitet. Starten Sie das Programm mit

```
bm2font diagr.pcx
```

Der Dateityp wird anhand der Dateiextension identifiziert, die daher unbedingt einzugeben ist. Das Programm kann Dateien vom Typ `.pcx`, `.tif`, `.lbm`/`.iff`, `.gif`, `.bmp` (ohne Kompression), `.img` oder `.cut` verarbeiten.

▷ Mit dem Aufruf werden die Zeichensatzdateien für die Bildausschnitte generiert. Es handelt sich dabei um `.pk`- und `.tfm`-Dateien, die den gleichen Namen wie die Grafikdatei tragen. Jeder Ausschnitt wird mit einem angehängten Buchstaben durchnumeriert, so daß etwa die Dateien `diagra.pk`, `diagrb.pk` und `diagra.tfm`, `diagrb.tfm` entstehen können. Für die Weiterverarbeitung durch TeX müssen diese Files in die entsprechenden Standardverzeichnisse kopiert werden. Deren Namen hängen von der TeXVariante und vom verwendeten Druckertyp ab. Bei der Kombination emTeX/LaserJet unter DOS sind das zum Beispiel `c:\emtex\tfm` für die `.tfm`und `c:\texfonts\pixel.lj\300dpi` für die `.pk`-Dateien. Ein Batchfile wie

```
copy %1*.tfm c:\emtex\tfm
copy %1*.pk c:\texfonts\pixel.lj\300dpi
```

erleichtert diese Arbeit. Aufgerufen mit `copygr diagr` kopiert es alle notwendigen Dateien.[7] Wenn Sie häufig mit `bm2font` arbeiten, sollten Sie irgendwann auch einen Job schreiben, der diese Dateien wieder löscht ...

▷ `bm2font` hat neben den Zeichensatzdateien auch noch ein `.tex`-file erzeugt, das den gleichen Namen wie die Grafik trägt. Diese Datei muß mit einem `\input`-Kommando eingelesen werden, anschließend wird die Grafik mit einem in dieser Datei definierten Befehl eingebunden, der wiederum den gleichen Namen wie die Grafik hat, aber von einem `\set` eingeleitet wird:

```
\input{diagr}
\setdiagr
```

---

[7] `bm2font` verarbeitet auf einigen Systemen die Umgebungsvariablen `texinputs`, `texfonts` und `dirpxl`, die die Speicherung der Dateien beeinflussen, so daß die obige Stapeldatei überflüssig wird.

Jetzt kann der Text wie gewohnt übersetzt und an den *Previewer* oder den Druckertreiber übergeben werden.

Die Grafik auf der rechten Seite wurde in MS-Excel erstellt, über die Zwischenablage in Paintbrush übernommen und dort als pcx-Datei gespeichert. Dieser etwas umständliche Weg soll nur zeigen, daß Sie im Prinzip *jede* Grafik, die mit einer beliebigen Software erstellt wurde, in LaTeX übernehmen können. Das Bild wurde in einer *minipage* untergebracht. Es wäre selbstverständlich auch möglich gewesen, die Grafik in einen **figure**-Bereich einzubetten.

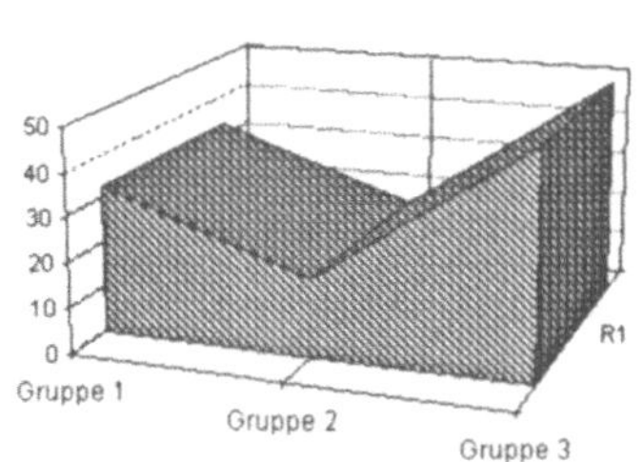

*Von Excel über Paintbrush und
bm2font nach LaTeX*

Beim folgenden Beispiel handelt es sich um ein eingescanntes Foto, das mit Paint Shop überarbeitet und dann mit **bm2font** für LaTeX zugänglich gemacht wurde. Es zeigt im übrigen die schönste Art, Autorenhonorare zu verschwenden.

```
...
  \begin{minipage}{7cm}
    \input{zxr}
    \setzxr
  \end{minipage}
...
```

15.12.1 Feinarbeit

bm2font wird mit folgender Syntax aufgerufen: **bm2font <Datei> [Option(en)]**. Wenn Sie das Programm einmal ohne Kommandozeilenargument aufrufen, erhalten Sie eine Liste mit den Parametern, die es anbietet. Hier soll lediglich auf vier dieser Optionen eingegangen werden. Für die zahlreichen anderen Möglichkeiten sei auf die Dokumentation der Software verwiesen.

Vorschau: Mit der Option **-ay** können Sie das Ergebnis der Umwandlung der Grafik betrachten (nur unter DOS).

Weiß-Umsetzung: Standardmäßig setzt das Programm weiße Bereiche der Grafik in Hellgrau um. Der Parameter **-wn** unterbindet diese Umsetzung, so daß weiß wirklich weiß bleibt.

Skalierung: Mit dem Parameter -m wird die Breite und mit -n die Höhe des Bildes in Millimetern festgelegt.

Aufhellung: Mit dem Paramter -b wird die Anzahl der Graustufen um den angehängten Wert vermindert und so eine Aufhellung des Bildes erzielt.

Kapitel 16

Verwaltung größerer Texte

Sehr große Texte sollten nicht in einer Datei abgelegt werden. Es ist praktischer, z.B. einzelne Kapitel eines Buches in separaten Dateien zu speichern. Dieses Kapitel zeigt, wie die Teile eines Textes dann mit geeigneten Befehlen in einer übergeordneten Datei zusammengeführt werden können. Außerdem wird gezeigt, wie man Druckformatdateien anlegen kann, die einem das wiederholte Eintippen von Präambeln ersparen.

16.1 Dateien zusammenführen

Der \input-Befehl bewirkt, daß LaTeX den Inhalt einer anderen Datei in den Text einfügt. LaTeX hängt dem als Parameter an \input übergebenen Dateinamen selbständig die Erweiterung .tex an. Der Text der importierten Datei enthält keine eigene Präambel. Es genügt, in einer Hauptdatei die Struktur des Gesamttextes und dessen globale Formatierungsanweisungen unterzubringen und die Teiltexte dann via \input einfügen zu lassen. Das folgende Beispiel zeigt schematisch, wie vorzugehen ist.

```
\documentclass{article}
\usepackage{german}
% Hier werden alle globalen Formatierungsanweisungen
% untergebracht.
...
\begin{document}
  \input{kap1}
  % Auch hier kann Text stehen.
  \input{kap2}
  \input{kap3}
\end{document}
```

LATEX setzt den Inhalt der Textdatei an der Stelle des \input-Befehls ein, ohne irgendwelche Veränderungen vorzunehmen. Das bedeutet z.B., daß ein gewünschter Seitenwechsel zwischen den Teiltexten explizit eingegeben werden muß (etwa mit \newpage). Es bedeutet auch, daß LATEX Kapitelnummern und andere Zähler korrekt weiterzählt und nicht bei jedem Teiltext wieder neu zu zählen beginnt.

Solche \input-Anweisungen können über mehrere Ebenen hinweg geschachtelt werden. D.h., ein mit \input eingefügter Text kann seinerseits \input-Direktiven enthalten.

16.2   Druckformatdateien

Das \input-Kommando kann auch in der Präambel plaziert werden oder diese vollständig ersetzen. Damit können Sie Ihre häufig benutzten globalen Formatierungsanweisungen und selbstdefinierten Befehle in einer einzigen „wiederverwendbaren" Druckformatdatei unterbringen, die anstelle einer Präambel in all Ihre Dokumente eingebunden wird. Damit ersparen Sie sich eine Menge Tipparbeit. Hier ein einfaches Beispiel:

```
% format.tex - enthaelt globale Formatierungsanweisungen %
% --------------------------------------------------------- %
\documentclass[12pt]{article}
\usepackage{german}      % deutsche Sprachunterstuetzung
\pagestyle{headings}     % Kopfzeilen = Kap.-Ueberschriften
\parindent0cm            % keine Absatzeinzuege
\textwidth14cm           % breiter Satzspiegel
\sloppy                  % "lockere" Silbentrennung
```

Eine Textdatei kann nun folgendermaßen aussehen:

```
\input{format}           % Druckformatdatei einlesen
\begin{document}

   ...                   % hier steht der Text

\end{document}
```

16.3   Selektive Ausgabe von Dateien

TEX liest und bearbeitet immer *alle* Dateien, die mit \input eingefügt werden. Bei umfangreichen Dokumenten kann das zu einer zeitintensiven Angelegenheit werden. Das ist vor allem dann unpraktisch, wenn man sich bei der Abfassung eines großen Textes in einer Phase häufiger Überarbeitung befindet. Dann ist es wünschenswert, nur einzelne, korrigierte Textbereiche separat übersetzen bzw. drucken zu lassen.

Für diesen Fall hält LATEX den \include-Befehl bereit. Im Prinzip bewirkt \include das gleiche wie \input. Der Unterschied ist, daß man bei der Verwendung von

\include auch die Möglichkeit hat anzugeben, *welche* Textteile LaTeX übersetzen soll. Dafür wird eine \includeonly-Anweisung in der Präambel plaziert, der die zur Verarbeitung bestimmten Textteile als Parameter übergeben werden. Die Dateinamen werden ohne Namenserweiterung eingegeben (also kap1 und nicht kap1.tex). Werden mehrere Dateinamen übergeben, werden diese durch Kommata getrennt.

Angenommen, das Gesamtdokument sei auf drei Dateien kap1.tex, kap2.tex und kap3.tex aufgeteilt. Dann bewirkt die folgende Hauptdatei den Ausdruck des *gesamten* Dokumentes:

```
\input{format}              % lies die Druckformatdatei
\begin{document}
   \include{kap1}           % lese Kapitel 1 ein
   \include{kap2}           % und Kapitel 2
   \include{kap3}           % und Kapitel 3
\end{document}
```

Wenn Sie nun das zweite Kapitel (die Datei kap2.tex) überarbeitet haben und separat ausdrucken möchten, fügen Sie eine \includeonly-Anweisung in die Präambel ein.

```
\input{format}              % lies die Druckformatdatei
\includeonly{kap2}          % nur kap2.tex uebersetzen
\begin{document}
   \include{kap1}
   \include{kap2}
   \include{kap3}
\end{document}
```

Sollen kap1.tex und kap3.tex übersetzt werden, ist die \includeonly-Direktive folgendermaßen abzuändern:

```
\includeonly{kap1,kap3}
```

Berücksichtigen Sie bei der Verwendung von \include die folgenden Punkte:

▷ Die Hauptdatei, in der die \include- und \includeonly-Kommandos stehen, wird, unabhängig davon, was beim \includeonly-Befehl angegeben wird, immer bearbeitet. Wenn Sie wünschen, daß TeX nur die Hauptdatei übersetzt, aber keine der mit \include eingebundenen Textteile, fügen Sie eine \includeonly-Anweisung ohne Parameter in die Präambel ein (\includeonly{}).

▷ \include-Anweisungen dürfen, im Gegensatz zu den \input-Anweisungen, erst im Textteil und nicht in der Präambel auftauchen.

▷ Mit `\include` eingefügte Texte beginnen stets auf einer neuen Seite. Damit ist dieses Kommando praktisch nur zum Einbinden neuer Kapitel zu benutzen.

▷ `\input`-Anweisungen können in Dateien auftreten, die ihrerseits via `\input` in einen Text importiert wurden. Jedoch darf in eine Datei, die mit `\include` eingelesen wurde, keine weitere Datei mit `\include` eingebunden werden. Die Kombination von `\include` und `\input` ist allerdings zulässig.

▷ Da die `\includeonly`-Anweisung in der Präambel steht und ein Dokument nur eine Präambel enthält, kann der `\includeonly`-Befehl nicht geschachtelt werden.

Kapitelnummern, Seitenzahlen etc. werden bei der Zusammenführung von Dateien mit `\include` korrekt weitergezählt. Wenn also `kap1.tex` die Anweisung `\chapter{Einleitung}` und `kap2.tex` die Anweisung `\chapter{Hauptteil}` enthalten, dann wird LaTeX den Hauptteil korrekt mit „Kapitel 2" betiteln. Beachten Sie aber, *daß das Dokument dafür mindestens einmal komplett von LaTeX übersetzt werden muß*. Bei dieser Bearbeitung werden Hilfsdateien (mit der Endung `.aux`) für jedes Teildokument angelegt, in denen solche Informationen (Zählerstände usw.) gespeichert werden. Beim Übersetzen eines Teildokumentes greift LaTeX auf diese Informationen zurück, um die Zählerstände anpassen zu können.

Das bedeutet, daß auch dann eine komplette Neuübersetzung des Gesamtdokumentes fällig wird, wenn Sie in einem Kapitel Textstrukturen ändern, indem Sie z.B. mit einer `\chapter`-Anweisung ein neues Kapitel einfügen. Andernfalls geht LaTeX bei der separaten Übersetzung einer nachfolgenden Teildatei von den alten Textstrukturen aus, die noch in den nicht mehr aktuellen `.aux`-Dateien stehen. Das gilt auch für Seitenzahlen: Das Hinzufügen neuer Seiten in einer Teildatei verlangt ein Neuübersetzen, wenn spätere Teildateien mit korrekten Seitenzahlen ausgedruckt werden sollen. In der Überarbeitungsphase kann man jedoch meist auf korrekte Seitenzahlen und Kapitelnummern verzichten, so daß diese Restriktionen nicht so sehr ins Gewicht fallen. Außerdem genügt ja ein Übersetzungslauf, um die `.aux`-Dateien zu aktualisieren. Danach kann mit dem beschriebenen Verfahren ein einzelnes Kapitel ausgedruckt werden.

Kapitel 17

Selbstdefinierte Kommandos

Um Ihre Arbeit mit LaTeX rationeller zu gestalten, können Sie eigene Kommandos, Bereiche und Textbausteine definieren. Wie ein solcher „Werkzeugkasten" aufgebaut wird, zeigt dieses Kapitel.

17.1 Kommandos definieren

Ein selbstdefiniertes Kommando faßt komplizierte, öfter benutzte LaTeX-Befehle oder -Befehlssequenzen unter einem neuen Namen zusammen. Mit der `\newcommand`-Anweisung wird der Befehl oder die Gruppe von Befehlen dem neuen Namen zugeordnet. Obwohl alle Neudefinitionen von Befehlen oder Bereichen auch im Textbereich plaziert werden können, wird empfohlen, diese stets in der Präambel unterzubringen.

Betrachten Sie einmal das folgende Beispiel.

```
\newcommand{\bPage}{\begin{minipage}{6cm}}
\newcommand{\ePage}{\end{minipage}}
```

Hier wurden Abkürzungen für den Aufbau von *minipages* mit einer häufig benötigten Abmessung definiert. Im Text wird dieser neue Befehl so verwendet:

```
\bPage       % Anfang Minipage
...
\ePage       % Ende
```

Mit diesem Verfahren können auch reine Textbausteine definiert werden. In diesem Fall wird einem Namen kein LaTeX-Befehl, sondern eben Text zugewiesen.

Wenn Sie häufig das Symbol $\Longleftrightarrow$ benötigen, werden Sie dafür nicht jedesmal `\Longleftrightarrow` eintippen wollen. Mit

```
\newcommand{\LA}{$\Longleftrightarrow$}
```

können Sie sich die Eingabe erleichtern. In normalen Text würde `\LA` so eingesetzt:

```
... h"aufig das Symbol \LA\ ben"otigen ...
```

Achten Sie darauf, diesem Befehl ein `\` anzuhängen, um den nötigen Abstand zum nächsten Wort zu erhalten. [1]

LaTeX ersetzt in Ihrem Text den selbstdefinierten Befehl gegen die ihm zugeordnete Zeichenkette. Wenn Sie nun einen mathematischen Ausdruck in der gezeigten Weise als Befehl definieren, gibt es Probleme, wenn Sie diesen Ausdruck im *math-mode* benutzen möchten. Denn das `$`-Symbol zu Beginn des Ausdrucks schaltet den *math-mode* wieder aus. Verwenden Sie deshalb bei mathematischen Ausdrücken stets den `\ensuremath`-Befehl. `\LA` sollte also folgendermaßen definiert werden,

```
\newcommand{\LA}{\ensuremath{\Longleftrightarrow}}
```

um sowohl im *text-mode* als auch innerhalb von Formeln nutzbar zu sein. Beachten Sie, daß bei der Verwendung von `\ensuremath` keine `$`-Zeichen einzugeben sind.

Auch Befehle, die (bis zu neun) Parameter verarbeiten, können selbst definiert werden. Die erweiterte Syntax der `\newcommand`-Anweisung ist

```
\newcommand{\Name}[AnzahlParameter]{Befehl #1 #2...}
```

An Stelle von `#1`, `#2` usw. fügt LaTeX die an den Befehl übergebenen Parameter ein. Für `#1` den ersten, für `#2` den zweiten usw. So kann man z.B. Befehle zum Hoch- und Tiefstellen von Text definieren.

```
\newcommand{\super}[1]{\raisebox{0.7ex}{\scriptsize #1}} %hoch
\newcommand{\sub}[1]{\raisebox{-0.5ex}{\scriptsize #1}}  %tief
```

Im Text werden sie z.B. so benutzt:

```
... Zunahme von CO\sub{2} in der ...
... the 22\super{nd} of August ...
```

Bei der Definition solcher Befehle kann der erste Parameter mit einem Standardwert vorbelegt werden. Hierfür wird in einem weiteren eckigen Klammerpaar, nach der Angabe der Anzahl der Parameter, der Standardwert eingetragen. Der folgende neudefinierte Befehl

---

[1] Dieses Problem wird durch das `xspace`-Paket von David Carlisle gelöst. Wird der Befehl `\xspace` am Ende der Definition eingefügt, zum Beispiel wie bei

```
\newcommand{\bsp}{zum Beispiel\xspace}
```

wird vergessener Zwischenraum automatisch eingefügt, und der abschließende *Backslash* kann entfallen. Satzzeichen werden übrigens korrekt berücksichtigt, so daß kein unnötiger Leerraum eingeschoben wird.

```
\newcommand{\Befehl}[2][Standardwert]{#1 / #2}
```

kann folgendermaßen eingesetzt werden:

Ausgabe	*Eingabe*
Standardwert / XXX	`\Befehl{XXX}`
YYY / XXX	`\Befehl[YYY]{XXX}`

In der zweiten Zeile wurde die Vorbelegung des optionalen ersten Parameters durch `[YYY]` überschrieben.

Beachten Sie, daß Sie bei Befehlsdefinitionen keine Namen vergeben dürfen, die mit `\end` beginnen. Der Befehl `\verb` und der Bereich `verbatim` (vgl. Kapitel 19.1) können nicht Teil einer Neudefinition von Befehlen oder Bereichen sein.

17.2 Bereiche definieren

Auch Bereiche können von Ihnen definiert werden. Die Syntax für die Anweisung `\newenvironment` lautet:

```
\newenvironment{Name}{\beginSequenz}{\endSequenz}
```

`Name` ist der Name, unter dem der neue Bereich im Text eingesetzt wird. `\begin`Sequenz und `\endSequenz` sind die Einleitung und der Abschluß des von Ihnen definierten Bereiches. Ein Beispiel soll das erläutern.

Bei Dissertationen etc. ist es oft üblich, den Text mit anderthalbfachem Zeilenabstand, größere Zitate aber einzeilig zu drucken. Auf Seite 39 wurde gezeigt, wie man dieses Problem lösen kann. Wenn man häufig zitiert, kann man hierfür einen eigenen Bereich definieren. Das Beispiel zeigt auch, daß der `\renewcommand`-Befehl innerhalb einer Bereichsdefinition benutzt werden kann.[2]

```
\newenvironment{Zitat}{                      % \beginSequenz
    \renewcommand{\baselinestretch}{1}       % einzeilig drucken
    \small\normalsize                        % Groessenwechsel vorgaukeln
    \begin{quote}                            % Beginn d. Zitatbereiches
}{                                           % \endSequenz
    \end{quote}                              % Ende d. Zitatbereiches
    \renewcommand{\baselinestretch}{1.5}     % Zurueckschalten auf
    \small\normalsize                        % groesseren Zeilenabstand
}
```

---

[2]Der Eingabetext wurde hier mit Einrückungen versehen, um ihn übersichtlich zu halten. In der Praxis ist diese Art der Eingabe nur in der Testphase sinnvoll. Danach sollte der Code von Definitionen „zusammengezogen" werden. Andernfalls besteht die Gefahr, daß die Einrückungen bei der Verwendung des selbstdefinierten Bereiches zu ungewollten Leerstellen im Text führen.

Im Text wird dieser Bereich folgendermaßen eingesetzt:

```
\begin{Zitat}
  ...
\end{Zitat}
```

Beachten Sie, daß zwischen den Klammerpaaren, die dem \newenvironment-Befehl
zuzuordnen sind, keine Leerzeichen auftreten dürfen. Wollen Sie aus Gründen der
Übersichtlichkeit einen Zeilenumbruch einfügen, muß die Zeile mit einem Kommentarzeichen beendet werden.

Das Beispiel soll auf einen weiteren Vorteil aufmerksam machen, den selbstdefinier-
te Bereiche für spezielle Textformatierungen haben. Wenn Sie am Ende Ihrer 567
Seiten dicken Dissertation feststellen, daß es besser aussieht, die Zitate kursiv zu
setzen, müssen Sie nicht Hunderte von Textpassagen umarbeiten – es genügt, die
eine Bereichsdefinition zu verändern.[3]

Bereiche mit   Auch an Bereiche können Parameter übergeben werden.
Parametern   Zum Beispiel wird dem Bereich minipage die gewünschte
                            Breite der Absatzbox in Form eines Parameters mitgeteilt.
                            Wenn Sie einen solchen Bereich selbst definieren möchten,
                            benutzen Sie ebenfalls die \newenvironment-Anweisung.
                            Als optionaler Parameter wird dann aber die Anzahl der
                            zu übergebenden Parameter angegeben. Innerhalb der Defi-
                            nition werden diese mit #1, #2 usw. kenntlich gemacht. Die
                            Platzhalter dürfen nur in der \beginSequenz auftauchen.
                            Wie bei der Definition von Befehlen, können Sie auch hier
                            optionale Parameter vereinbaren.

Ein Beispiel   Als Beispiel wird hier nun ein Bereich definiert, der den Text
                            so wie diesen und den vorangegangenen Absatz formatiert.
                            An den Bereich wird als Parameter eine Überschrift über-
                            geben, die linksbündig und fett in der linken Spalte gesetzt
                            wird. Der eigentliche Text steht in der rechten Spalte. Mit
                            diesem Bereich lassen sich z.B. Exposés recht übersichtlich
                            gestalten. Es folgt die Definition des Bereiches expo.

```
\newenvironment{expo}[1]%                    % 1 Parameter
         {                                   % \beginSequenz
            \begin{minipage}[t]{3.5cm} % fuer "Ueber"schrift
              \bfseries #1                    % fett ausgeben
            \end{minipage}
            \hfill                            % elast. Zwischenraum
            \begin{minipage}[t]{10cm} % Box fuer Text
         }{\end{minipage}\medskip}           % \endSequenz
```

---

[3]Ein weiteres Beispiel für einen selbstdefinierten Bereich finden Sie auf Seite 95 ff.

Der Bereich wird folgendermaßen benutzt:

```
...
\begin{expo}{Bereiche mit Parametern}
  Auch an Bereiche k"onnen Parameter "ubergeben werden.
  ...
\end{expo}
...
```

17.3 Neudefinition bestehender Befehle und Bereiche

Mit den `\new..`-Befehlen können Sie keine bereits durch LaTeX vordefinierten Befehle oder Bereiche neu definieren. Verwenden Sie hierfür die Kommandos `\renewcommand` und `\renewenvironment`. Die Syntax entspricht der ihrer `\new..`-Pendants. Benutzen Sie diese Möglichkeit mit Bedacht und nur dann, wenn Sie die Folgen der Veränderung bestehender Befehls- oder Bereichsdefinitionen (auch für LaTeX) überblicken können.

17.4 Selbstdefinierte Bereiche für bewegliche Objekte

LaTeX kennt zwei Bereiche für bewegliche Objekte: `table` für Tabellen und `figure` für Grafiken.[4] Das `float`-Paket von Anselm Lingnau erlaubt Ihnen, eigene Bereiche für bewegliche Objekte beliebigen Inhaltes zu definieren. Sie können diesen Bereichen drei Layouts zuordnen. Dies geschieht in der Präambel. Wie dort mehrere neue Bereiche mit unterschiedlichen Layouts definiert werden, zeigt der folgende Quelltext.

---

[4]Vgl. Kapitel 12.2.6 auf Seite 115 bzw. Kapitel 15.8 auf Seite 160.

```
\usepackage{float}                % Paket laden
% -------------------------------------------------------
\floatstyle{ruled}                % Layout: ruled fuer
                                  % ein neues Objekt
                                  % 'beispiel'
\newfloat{beispiel}{thb}{tbr}[chapter]
                                  % Titelvorpann
\floatname{beispiel}{Anwendungsbeispiel}
% -------------------------------------------------------
                                  % ein weiteres Objekt
\floatstyle{boxed}                % diesmal eingerahmt
\newfloat{bspboxed}{thb}{tbb}     % Name: 'bspboxed'
\floatname{bspboxed}{Layout}      % Titelvorspann
% -------------------------------------------------------
\begin{document}                  % Textbereich
...
\begin{beispiel}                  % Nutzung des 'beispiel'-
   ...                            % Bereiches mit dem
  \caption{Texteingabe}           % Titel 'Texteingabe'
\end{beispiel}
...
\newpage                          % am Ende des Textes:
\listof{beispiel}{Beispiele}      % Verzeichnis der Beispiele
\end{document}                    % mit dem Titel 'Beispiele'
```

Nachdem das Paket geladen wurde, wird mit dem Parameter des `\floatstyle`-Kommandos zunächst das Layout für die nachfolgende(n) Definition(en) ausgewählt. Die Beispiele zeigen, wie das Ergebnis aussieht.

Anwendungsbeispiel 1 Die Option `ruled`

Das ist ein Beispiel für die `ruled`-Option. Durch sie werden Titel und Inhalt des Bereichs in horizontale Linien eingefaßt.

> Das ist ein Beispiel für die `boxed`-Option. Mit ihr wird der Inhalt des Bereiches eingerahmt.

Layout 1: Die Option `boxed`

`plain` entspricht dem LATEX-Standard. Der Titel erscheint jedoch stets unterhalb des Inhaltes.

Mit `\newfloat` wird im Listing dann ein neuer Bereich definiert. Der Befehl verarbeitet drei obligatorische und einen optionalen Parameter:

```
\newfloat{Name}{Positionierung}{DateiExt}[Numerierung]
```

Zuerst wird ein Name bekanntgegeben, unter dem später die Bereiche angelegt werden. Der nächste Parameter spezifiziert die Position des beweglichen Objektes auf der Seite. Sie können hier die bekannten Positionierungsparameter einsetzen: `t`, `b`, `p` oder `h` (vgl. Seite 115). Es folgt dann, als dritter Parameter, die wählbare Extension der Hilfsdatei, die benutzt wird, um ein Verzeichnis der Objekte erzeugen zu können.

Im obigen Quelltext wurde also ein neuer Bereich `beispiel` für bewegliche Objekte angelegt, als Positionierungsvorgabe wurde `thb` eingegeben. Die Hilfsdatei trägt die Namenserweiterung `.tbr`. Der optionale Parameter `[chapter]` bewirkt, daß die Objekte kapitelweise numeriert werden.

Im Text wird anschließend ein Bereich `beispiel` angelegt und mit einem Titel versehen.

Wie das obige Beispiel für die `ruled`-Option zeigt, wird dem eigentlichen Titel bei der Ausgabe „Anwendungsbeispiel" vorangestellt. Dieser Titelvorspann wurde mit `\floatname` bekanntgegeben.

Ein Verzeichnis der Objekte wird mit dem `\listof`-Befehl erzeugt. Diesem wird der Bereichsname und die Überschrift des Verzeichnisses übergeben. Im Listing wird ein Verzeichnis aller Beispiele unter dem Titel „Beispiele" am Textende angelegt. Beachten Sie, daß der Quelltext ggf. zweimal von LaTeX zu bearbeiten ist, damit ein korrektes Verzeichnis erstellt werden kann.

Wenn ein Layout wie `ruled` für die selbstdefinierten Bereiche gewählt wurde, sollte es möglichst bei allen beweglichen Objekten im Text Verwendung finden, z.B. auch bei Tabellen, die in einen `table`-Bereich eingebettet sind. Der folgende Auschnitt aus einer Präambel zeigt, wie Sie mit dem `\restylefloat`-Kommando auch den Standardbereichen `table` und `figure` das Layout `ruled` zuweisen:

```
\floatstyle{ruled}      % Layout waehlen
\restylefloat{table}    % bew. Tabellen zuweisen
\restylefloat{figure}   % bew. Grafiken zuweisen
\begin{document}
   ...
```

Kapitel 18

Fehler

In diesem Kapitel wird gezeigt, wie man auf Fehler reagiert, die LATEX oder TEX melden. Die Fehlermeldungen und Warnungen selbst sind im Anhang aufgeführt.

Die Art, wie LATEX und TEX mit Eingabefehlern umgehen, ist, gerade für Anfänger, etwas problematisch. Die Fehlermeldungen während des Übersetzungsvorgangs sind oft kryptisch oder nichtssagend.

Sobald man es mit einer Programmiersprache zu tun hat, und schließlich ist der Befehlssatz von LATEX eine Programmiersprache, begeht man Fehler. Ob Anfänger oder Experte, man wird immer wieder einmal ein Befehlswort falsch eingeben, eine schließende Klammer vergessen etc. Dies sind syntaktische Fehler. Eine andere Fehlerart sind die logischen Fehler. Das heißt, man gibt zwar syntaktisch korrekte Befehle ein, diese führen aber zu einem anderen als dem gewünschten Ergebnis. Es folgt ein ganz simples Beispiel für einen logischen Fehler:

```
\chapter{...}
...
\subsection{...}
```

Hier wurde eine Gliederungsebene vergessen. Die Folge: Das Kapitel wird z.B. korrekt mit der Überschrift „Kapitel 1" begonnen, aber das erste Unterkapitel wird, statt mit „1.1", mit „1.0.1" numeriert. LATEX und TEX können solche logischen Fehler nicht erkennen. Deswegen werden in solchen Fällen keine Fehlermeldungen oder Warnungen ausgegeben. Der Fehler zeigt sich erst beim Ausdruck bzw. beim Betrachten des Textes mit dem *preview*-Programm.

In diesem Kapitel wird nur auf den Umgang mit syntaktischen Fehlern eingegangen, die LATEX bzw. TEX anzeigen.

18.1   Fehlermeldungen

Wenn Sie in Ihrem Text zum Beispiel statt `\begin{verbatim}` versehentlich
`\begin{Verbatim}` eingeben, erhalten Sie bei der Übersetzung nach einiger Zeit
diese oder eine ähnliche Bildschirmmeldung:

```
! LaTeX Error: Environment Verbatim undefined.

See the LaTeX manual or LaTeX Companion for explanation.
Type  H <return>  for immediate help.
 ...

l.9 \begin{Verbatim}

?
```

Mit der von einem ! eingeleiteten Fehlermeldung teilt LaTeX mit, daß ein Bereich
Verbatim nicht definiert ist. Das Programm kann mit der Anweisung deswegen nichts
anfangen und meldet den Fehler. Die Mitteilung `l.9 \begin{Verbatim}` weist darauf hin, daß der Fehler in Zeile 9 (l.9) der Textdatei lokalisiert wurde. Das Fragezeichen ist eine Eingabeaufforderung. Beim Auftreten eines Fehlers wartet das
Programm also auf eine Reaktion von Ihnen.[1]

Sie können hier die $\boxed{\texttt{RETURN}}$ -Taste drücken, um den Fehler zu übergehen. In den
meisten Fällen bringt das nicht viel, weil dieser Fehler Folgefehler bei der Übersetzung nach sich zieht. Werden auch weitere Meldungen mit $\boxed{\texttt{RETURN}}$ übergangen,
kann die Übersetzung unter Umständen gelingen. Sehr oft löst aber ein Fehler eine ganze Reihe weiterer Fehler bzw. Fehlermeldungen aus. Es ist dann meist sehr
schwer, von diesen (Folge-) Meldungen auf den oder die eigentlichen Fehler zu schließen. Deshalb ist es nicht empfehlenswert, den Übersetzungsprozeß weiterlaufen zu
lassen.

Um den Übersetzungsprozeß abzubrechen, geben Sie an der Eingabeaufforderung ein
X ein und drücken die $\boxed{\texttt{RETURN}}$ -Taste. Wenn Sie **H** gefolgt von $\boxed{\texttt{RETURN}}$ eingeben,
erhalten Sie (nicht immer) eine etwas ausführlichere Fehlermeldung und manchmal
Tips für die Behebung des Fehlers. Tippen Sie ein Fragezeichen und $\boxed{\texttt{RETURN}}$ ein,
erhalten Sie ein erweitertes Menü (siehe unten). Die darin aufgeführten Befehle
können alle auch an der ersten Eingabeaufforderung eingegeben werden. Sie wählen
eine Option, indem Sie den angegebenen Buchstaben eingeben und dann die $\boxed{\texttt{RETURN}}$
-Taste drücken.

---

[1]Mit dem „LaTeX-Companion" ist das in der Literaturliste auf Seite 216 aufgeführte Buch „Der
LaTeX-Begleiter" gemeint.

```
    ! LaTeX Error: Environment Verbatim undefined.

    See the LaTeX manual or LaTeX Companion for explanation.
    Type  H <return>  for immediate help.

    1.9 \begin{Verbatim}

    Type <return> to proceed, S to scroll future error messages,
    R to run without stopping, Q to run quietly,
    I to insert something, E to edit your file,
    1 or ... or 9 to ignore the next 1 to 9 tokens of input,
    H for help, X to quit.
    ?
```

Mit R veranlassen Sie TEX, mit der Übersetzung fortzufahren – komme was da
wolle. Fehler führen dann nicht mehr zum Anhalten des Programmes, wohl aber zur
Ausgabe von Meldungen. Ein S bewirkt ebenfalls, daß TEX weiterübersetzt und wie
bei R Fehlermeldungen ausgibt. Bestimmte Fehler führen jedoch zum Anhalten der
Bearbeitung (wenn etwa auf eine nicht existierende \input-Datei gestoßen wird). Ein
Q wirkt wie ein R, unterdrückt aber die Ausgabe der Fehlermeldungen am Bildschirm.
Diese werden jedoch in die Protokolldatei geschrieben, auf die noch eingegangen
wird.

Wenn Sie ein I eingeben, können Sie unmittelbar danach einen korrekten LaTeX-
Befehl eintippen. Bisweilen läßt sich ein Fehler auf diese Weise beheben. Beachten
Sie aber, daß Sie damit nicht den Originaltext editieren.

Tippen Sie eine Zahl n zwischen 1 und 99 ein, übergeht das Programm die nächsten
n Zeichen des Eingabetextes. Mit einem E starten Sie schließlich den Editor, um
den Text zu überarbeiten – dies ist eine systemabhängige Option, die nicht bei jeder
LaTeX-Version funktioniert.

Wenn Sie den gesamten Übersetzungsvorgang abbrechen möchten, tippen Sie I\stop
ein. Bis zu dieser Stelle wird der Eingabetext dann in eine .dvi-Datei übersetzt.
Wenn Sie mit X abbrechen, wird der Text der aktuellen Seite nicht mehr an diese
Datei übergeben.

Die obige Fehlermeldung wurde mit dem Hinweis LaTeX error eingeleitet, d.h der
Fehler wurde von LaTeX erkannt. Das ist, wie die nächste Meldung zeigt, nicht immer
der Fall – manche Fehler werden erst auf einer tieferen Ebene von TEX erkannt.

```
    ! Undefined control sequence.
    1.5 \newlne

    ?
```

Dieser Fehler (es wurde \newlne statt \newline eingegeben) wurde von TEX fest-
gestellt. Auch wenn Sie LaTeX-Fehler mit RETURN übergehen, kann es vorkommen,
daß Sie irgendwann TEX-Meldungen erhalten.

18.2 Warnungen

Eine Warnung ist ein Hinweis darauf, daß die Übersetzung an der angegebenen Stelle zwar möglich, das Ergebnis der Übersetzung aber nicht vollkommen fehlerfrei ist. Wenn es sich nicht um einen Entwurf handelt, müssen Sie den Text also nachbearbeiten. Warnungen werden ausgegeben, ohne die Übersetzung zu unterbrechen. Das Programm hält nicht an, um einen Befehl des Benutzers entgegenzunehmen.

```
LaTeX Warning: Reference 'Egon' on page 1 undefined on input line 4.
```

Mit dieser Meldung zeigt LaTeX an, daß ein *label* „Egon" bisher nicht definiert wurde und der Verweis auf diese Textstelle nicht gelingen kann. Im Ausdruck erscheint dann auf der Seite 1 anstelle des Verweises ein [?].

Die folgende Warnung stammt von TeX:

```
Overfull \hbox (99.4718pt too wide) in paragraph at lines 226--226
```

Sie besagt, daß an dieser Stelle kein optimaler Platz für eine Silbentrennung gefunden wurde und diese Zeile daher nicht sauber gesetzt werden konnte.

18.3 Die Protokolldatei

Während des Übersetzungsvorgangs wird eine Protokolldatei angelegt. Diese trägt den gleichen Namen wie die Textdatei und die Endung `.log`. Diese Datei enthält sämtliche Bildschirmausgaben von TeX und weitere detaillierte Meldungen. Anhand dieser Datei kann man sich Schritt für Schritt mit den Textstellen befassen, zu denen Warnungen ausgegeben wurden. Außerdem liefert sie Informationen, die bei der Lokalisierung mancher Fehler hilfreich sind.

18.4 Empfehlungen

Es folgen hier ein paar Empfehlungen, die die Fehlerbehandlung etwas erleichtern sollen.

▷ Brechen Sie die Übersetzung nach der Ausgabe einer Fehlermeldung ab. Besonders als Anfänger ersparen Sie sich so die Konfrontation mit obskuren Folgemeldungen. Korrigieren Sie die Fehler sofort, und lassen Sie dann neu übersetzen.

▷ Halten Sie deswegen Ihre Dateien klein. Wenn Sie größere Texte abfassen, teilen Sie sie in kleinere Einheiten auf, die via `\include` zusammengeführt werden. Übersetzen Sie diese Einheiten zunächst einzeln (siehe Seite 176). Die

Identifikation des Fehlers geht bei kleineren Textdateien leichter und schneller von der Hand als bei großen.

Bei der Übersetzung von Texten, die aus mehreren Dateien bestehen, gibt TEX stets an, welche Datei gerade bearbeitet wird, so daß es keine Probleme gibt festzustellen, wo der Fehler liegt. Die ausgegebene Zeilennummer gibt die Position des Fehlers in der Datei an, die momentan übersetzt wird. Wenn eine Textdatei eingelesen wird, erscheint eine öffnende runde Klammer, am Ende der Bearbeitung der Datei eine schließende runde Klammer. Angenommen, eine Hauptdatei `t.tex` enthält `\input`-Anweisungen für die Dateien `k1.tex` und `k2.tex`. Tritt ein Fehler in `k1.tex` auf, sieht eine Fehlermeldung so aus:[2]

```
(C:\TEX\K1.TEX
LaTeX error ...
```

Wird er in der zweiten Datei `k2.tex` entdeckt, erscheint die folgende Meldung auf dem Bildschirm:

```
(C:\TEX\K1.TEX) (C:\TEX\K2.TEX
LaTeX error ...
```

Die nächste Meldung weist auf einen Fehler in der Hauptdatei *hinter* der letzten `\input`-Anweisung hin.

```
(C:\TEX\K1.TEX) (C:\TEX\K2.TEX)
LaTeX error ...
```

▷ Wenn Sie mit komplizierten Formeln arbeiten, sollten Sie diese zuerst in einer kleinen Testdatei ablegen und diese an TEX übergeben. Kopieren Sie die Formel erst dann in den eigentlichen Text, wenn sie fehlerfrei übersetzt wurde und auf dem Papier so aussieht, wie Sie sich das vorgestellt haben.

▷ Das gilt auch für Grafiken. Gestalten Sie diese ebenfalls in einer kleinen Testdatei. Betrachten Sie das Ergebnis mit dem *preview*-Programm und drucken Sie die Grafik aus. Fügen Sie sie erst dann in den größeren Gesamttext ein, wenn sie Ihren Vorstellungen entspricht. Sehr komplizierte Grafiken sollten Sie auf Millimeterpapier zeichnen und erst dann kodieren.

▷ Wenn Sie komplexere Formatierungsanweisungen mehrfach verwenden, definieren Sie einen entsprechenden Befehl oder Bereich (siehe Seite 179). Ein Fehler oder eine unerwünschte Formatierung muß dann nur an einer Stelle korrigiert werden. Außerdem reduziert man so die Wahrscheinlichkeit von Tippfehlern. Überprüfen Sie die Wirkung solcher Befehle oder Bereiche in einer kleinen Testdatei.

---

[2]Pfadangaben etc. hängen vom jeweiligen System ab.

▷ Arbeiten Sie möglichst mit einem Editor, der Sie bei der Fehlersuche unterstützt. Moderne Editoren können z.B. passende Klammerpaare identifizieren. Gerade beim Formelsatz lassen sich mit dieser Funktion fehlende Klammern schnell finden.

▷ Es kann immer wieder vorkommen, daß man vergißt, die deutschen Umlaute als LaTeX-Befehle einzugeben. Diese Buchstaben fehlen dann im Ausdruck. Ein guter Editor erlaubt, ein Suchen-und-Ersetzen-Makro zu schreiben, das die Konvertierung automatisiert, so daß die Texte mit Umlauten eingegeben werden und danach mit dem Makro für LaTeX aufbereitet werden können. Als Alternative kommt hier natürlich auch das Paket `inputenc` in Frage, auf das auf Seite 15 kurz eingegangen wird.

▷ Wenn Sie Bereiche verschachteln, machen Sie die unterschiedlichen Ebenen durch Einrückungen sichtbar. Fehlende `\end`-Anweisungen und falsche Verschachtelungen erkennt man so recht schnell.

▷ Wenn Sie einen Text so modifizieren, daß potentielle Fehlerquellen entstehen könnten, legen Sie zuvor eine Kopie an. Manche Fehler lassen sich durch ein Zurückverfolgen der Arbeitsschritte lokalisieren.

▷ Wenn ein Fehler auftritt, dessen Position unklar bleibt, zerlegen Sie den Text portionsweise. Kopieren Sie den Text dafür in eine andere Datei und entfernen Sie aus dieser schrittweise immer größere, unverdächtige Blöcke, um den Fehler so einzukreisen.

▷ Tritt ein nicht identifizierbarer Fehler auf, löschen Sie die zur Textdatei gehörige `.aux`-Datei und starten Sie den Übersetzungsvorgang erneut.

▷ Denken Sie auch an zu schützende, instabile Befehle in den Parametern bestimmter Anweisungen (siehe Seite 209 ff.).

▷ Wenn ein Fehler mit der Einbindung eines Paketes zusammenzuhängen scheint, überprüfen Sie, ob ein Konflikt mit identischen Befehlsnamen aus zwei Paketen vorliegt. Z.B. gibt es einen `\bar`-Befehl in dem `bar`-Paket und einen gleichnamigen Befehl, der einen bestimmten Akzent in mathematischen Formeln erzeugt.

Für den Fall, daß Sie mit einer Flut vollkommen unverständlicher Fehlermeldungen eingedeckt werden und bereits mit dem Gedanken spielen, zur mechanischen Schreibmaschine zurückzukehren, hier der wichtigste Tip, den Leslie Lamport gibt:

The most important thing to remember is not to panic.

Kapitel 19

Verschiedenes

In diesem Kapitel wird gezeigt, wie man LaTeX Textteile unformatiert drucken läßt. Außerdem werden Kommandos vorgestellt, mit denen LaTeX in Grenzen interaktiv bedient werden kann. Ein drittes Teilkapitel demonstriert, wie Randnotizen einzugeben sind.

19.1 Quelltexte unformatiert ausgeben

Vielleicht haben Sie sich bereits gefragt, wie die Quelltextauszüge in diesem Buch gedruckt wurden, wie LaTeX also eigene Befehle verarbeiten kann, ohne sie zu befolgen. Für die Lösung dieses Problems gibt es einen speziellen Bereich **verbatim**. Wenn LaTeX auf einen solchen Bereich stößt, wird der darin enthaltene Text „wie er ist" übernommen. Die Textformatierung wird also ausgeschaltet, Zeilenvorschübe werden nicht ignoriert, Leerräume bleiben erhalten. Der Text – der keine Umlaute enthalten darf – wird in der Schriftart **Typewriter** ausgegeben.

19.1.1 Listings

Um einen mehrzeiligen Text, etwa ein Programm-Listing, auszudrucken, setzen Sie ihn in einen **verbatim**-Bereich ein.

```
\begin{verbatim}

   ...

\end{verbatim}
```

Sie können **verbatim** mit einer Befehlsmodifikation durch * versehen. Dann werden Leerzeichen im Eingabetext durch ein ␣ verdeutlicht.
Wenn Sie – etwa bei der Erstellung von Programmdokumentationen – komplette Dateien in Ihren Text einfügen und unformatiert ausgeben möchten, sollten Sie das **verbatim**-Paket von Rainer Schöpf laden, um das **\verbatiminput**-Kommando

nutzen zu können. `\verbatiminput{ef_cpr.cpp}` fügt beispielsweise eine C++-Quelldatei ein. Bei der Verwendung von `\verbatiminput*` werden die Leerzeichen im eingelesenen Text durch ein ␣ ersetzt. Dieses Symbol ist auch mit dem Befehl `\textvisiblespace` abrufbar.

19.1.2 Kurze Textpassagen unformatiert ausgeben

Mit dem `\verb`-Befehl können kurze Quelltextpassagen übernommen werden. Die Syntax des Befehls ist

```
\verbTrennZeichen Text TrennZeichen
```

`TrennZeichen` ist ein beliebiges Zeichen, das direkt hinter `\verb` folgt. Da es auch für `\verb` eine Befehlsmodifikation mit * gibt, scheidet dieses Zeichen allerdings aus. Zwischen `\verb` und `TrennZeichen` darf kein Leerzeichen stehen. LaTeX setzt den Text zwischen den beiden Trennzeichen, so wie er eingegeben wurde. Der Text darf keine Zeilenschaltung enthalten, der komplette `\verb`-Ausdruck muß also innerhalb einer Eingabezeile stehen.

In diesem Buch wurde das Zeichen / als Trennzeichen gewählt. Im Eingabetext sieht die Erwähnung eines LaTeX-Befehls beispielsweise so aus:

```
... benutzen Sie die \verb/\put/-Anweisung...
```

Die Befehlsmodifikation mit * hat die gleiche Wirkung wie beim `verbatim`-Bereich. XCOPY␣C:\TEX\KAP*.TEX␣A:␣/V wurde folgendermaßen eingegeben:

```
\verb*|XCOPY C:\TEX\KAP*.TEX A: /V|
```

Als Trennzeichen wurde ein | verwendet, um /V ausgeben zu können.

Beachten Sie, daß weder der Befehl `\verb` noch der Bereich `verbatim` als Parameter anderer Befehle oder Bereiche verwendet werden dürfen. Unformatierter Text kann aber mit Hilfe einer `lrbox` gespeichert und innerhalb des Textes abgerufen werden. Die Logik ist die gleiche wie bei dem `\sbox`-Befehl (Kapitel 14.1.2):

```
\newsavebox{\vbx}        % Name festlegen
\begin{lrbox}{\vbx}      % lrbox \vbx erzeugen
    \verb|\verb|         % Inhalt zuweisen
\end{lrbox}
...
\usebox{\vbx}            % Abruf im Text
```

Ergänzungen

Das `alltt`-Paket von Leslie Lamport hält einen gleichnamigen Bereich bereit, der sich ähnlich wie ein `verbatim`-Bereich verhält. Allerdings reagiert LaTeX auf die Symbole \ und }, so daß z.B. Zeichenformatierungen möglich sind.

Wenn Sie das Paket `shortvrb` laden, können Sie unformatierten Text etwas bequemer eingeben. Mit dem Befehl `\MakeShortVerb` definieren Sie ein Symbol, das unformatierten Text einleitet und beendet. Mit `\DeleteShortVerb` heben Sie diese Bedeutung des Symbols wieder auf. Hier ein Beispiel:

```
\MakeShortVerb{\|}        % | als Symbol definieren
...
der Befehl |\verbatim| ... % unformatierten Text ausgeben
...
\DeleteShortVerb{\|}      % Bedeutung des Symbols | aufheben
```

19.2 Ein-/Ausgabebefehle

Mit dem Befehl `\typeout` können während des Übersetzungslaufes Meldungen am Bildschirm ausgegeben werden. Die Anweisung

```
\typeout{*** Vieweg Druckformatvorlage V.1.1 ***}
```

gibt diesen Satz in einer separaten Zeile am Bildschirm aus.

Die `\typein`-Anweisung läßt LaTeX auf Eingaben von der Tastatur warten. Die Eingabe wird so behandelt, als stünde sie im Text. Sie können hier also beliebige LaTeX-Anweisungen eingeben.

```
\typein{Waehlen Sie eine Schriftart: }
```

Diese Zeile, am Dokumentenanfang plaziert, bewirkt während des Übersetzungsvorgangs die Ausgabe von

```
Waehlen Sie eine Schriftart:

\@typein=
```

am Bildschirm. Sie könnten nun z.B. `\slshape` eingeben. Auf diese Art kann aber z.B. auch nach Druckformatdateien o.ä. gefragt werden.

Ihre Eingabe kann auch einer Variablen zugeordnet werden, deren Name als optionaler Parameter an `\typein` übergeben wird. Damit können selbsterstellte Formulare oder Kurzmitteilungen am Bildschirm ausgefüllt werden. Zum Beispiel könnte man Seminarscheine folgendermaßen ausstellen.

```
...
\typein[\Anr]{Anrede:}
\typein[\Name]{Name:}
\typein[\Kurs]{Kurs:}
...
Institut f"ur ...
...
\begin{center} \bfseries Bescheinigung \end{center}

\Anr\ \Name\ hat im Sommersemester 1995 regelm"a"sig an dem Kurs

\begin{center} "'\Kurs"' \end{center}

teilgenommen.
...
```

Lassen Sie den Variablen im Text stets einen umgekehrten Schrägstrich folgen. Die
Variablen werden von LaTeX wie *Befehle* behandelt, die mit einem Leerschritt lediglich abgeschlossen werden. Der *backslash* schiebt den erwünschten Abstand zum
nächsten Wort ein.

Auf diese Weise können auch Standardbriefe ausgefüllt werden, die mit der Doku-
mentenstiloption `letter` abgefaßt worden sind. Der folgende Quelltextauszug zeigt
schematisch, wie vorzugehen ist.

```
...
\typein[\Name]{Name}       % Adresse abfragen
\typein[\Str]{Strasse}
...
\begin{letter}{
   \Name \\                % Adresse einfuegen
   ...
   }
   \opening{...
```

19.3   Ausgabe eingelesener Dateien

Mit dem Befehl `\listfiles`, den Sie am Anfang der Präambel einfügen können,
erhalten Sie eine Liste der Dateien, die das System bei der Bearbeitung Ihres Textes
eingelesen hat:

```
*File List*
format.tex
book.cls      1995/06/26 v1.3g Standard LaTeX document class
bk11.clo      1995/06/26 v1.3g Standard LaTeX file (size option)
german.sty    1995/01/20 v2.5b Package for writing german texts (br)
latexsym.sty  1995/03/18 v2.2a Standard LaTeX package (lasy symbols)
...
```

19.4 Bearbeitung älterer LATEX-Dateien

Ein \documentstyle-Befehl am Anfang einer Datei weist auf einen mit einer früheren Version von LATEX erstellten Text hin. In diesem Fall ist LATEX 2_ε in der Lage, sich so zu verhalten wie die ältere Version LATEX 2.09, d.h. der Text kann normalerweise problemlos übersetzt und gedruckt werden. Sie können in einen solchen Text freilich keine LATEX 2_ε-spezifischen Kommandos einfügen. Wenn Sie das versuchen, erhalten Sie eine Fehlermeldung `LaTeX2e command ... in LaTeX 2.09 document`. Steht die Portierung eines älteren Textes an, etwa weil die Einbindung neuer Pakete gewünscht ist, sollten Sie folgendermaßen vorgehen:

▷ Ersetzen Sie die \documentstyle-Anweisung durch eine \documentclass-Anweisung (Kapitel 6).

▷ Laden Sie (selbstgeschriebene) Stylefiles ggf. mit **usepackage**.

▷ Achten Sie darauf, daß das **german**-Paket geladen wird, wenn Sie zuvor mit der **german**-Option gearbeitet haben.

▷ Löschen Sie alle eventuell vorhandenen Hilfsdateien. (Siehe hierzu die Aufstellung auf Seite 208).

▷ Lassen Sie den Text dann bearbeiten. Der \documentclass-Befehl sorgt dafür, daß der Text als LATEX 2_ε-Datei interpretiert wird. Werten Sie die möglicherweise auftretenden Fehlermeldungen und Warnungen aus, und passen Sie die Datei Schritt für Schritt an die neue Version an. Normalerweise geht das reibungslos und schnell vonstatten.

▷ Bei der Überarbeitung sollten, wenn der Aufwand vertretbar erscheint, die alten Befehle für die Auswahl der Schriftart (wie \sf) gegen die neuen Anweisungen (Kapitel 3.3) ersetzt werden.

▷ Beachten Sie auch die neuen Kommandos für die Zeichenformatierung in Formeln (Kapitel 13.8.2) und die Neuerungen bei der Dokumentenformatierung (Kapitel 6).

▷ Wenn die Verwendung bestimmter mathematischer Sonderzeichen wie \lhd zu Fehlermeldungen führt, laden Sie das Paket **latexsym** (Kapitel 13.5.10 auf Seite 129).

Anhang A

Fehlermeldungen, Dateinamen, instabile Befehle

> *In diesem Anhang werden zunächst die Fehlermeldungen und Warnungen von LaTeX und TeX besprochen. Im zweiten Teil werden die Dateinamen der unterschiedlichen Dateien vorgestellt, die LaTeX erzeugt. Im dritten Teil geht es um instabile LaTeX-Befehle.*

A.1   Fehlermeldungen und Warnungen

Im folgenden werden Fehlermeldungen und Warnungen von LaTeX und TeX, so wie sie Leslie Lamport in seinem Buch dokumentiert, in knapper Form aufgeführt. Es werden nur Meldungen vorgestellt, die mit einem in diesem Buch behandelten Befehl in Zusammenhang stehen. Die Meldungen sind alphabetisch geordnet.

A.1.1   LaTeX-Meldungen

Fehlermeldungen

`Bad \line or \vector argument.`
Die übergebenen Parameter, die die Steigung des Pfeils oder der Linie beschreiben, liegen nicht im gültigen Bereich (vgl. Seite 155).

`Bad math environment delimiter.`
Für diese Meldung kommen zwei Ursachen in Betracht: Entweder wurde im *math-mode* ein Befehl wie `\[` oder `\(` zum Umschalten in diesen Modus entdeckt, oder ein Befehl zum Zurückschalten in den *text-mode* (wie `\]` oder `\)`) tauchte innerhalb des normalen Textes auf.

`\begin{...} on input line ... ended by \end{...}.`
Die `\end`-Anweisung paßt nicht zur entsprechenden `\begin`-Anweisung. Ursache ist ein Schreibfehler oder eine fehlerhafte Verschachtelung.

Can be used only in preamble.
  Eine Anweisung, die nur in der Präambel stehen darf, wurde nach `\begin{document}` entdeckt, oder ein zweites `\begin{document}`-Kommando wurde gefunden.

Command ... already defined.
  Bei der Neudefinition eines Befehls, eines Bereiches oder eines Zählers wurde ein Name vergeben, der bereits vergeben ist. Grundsätzlich dürfen Namen nur einmal vergeben werden (wenn ein *Bereich* `fett` definiert wurde, ist es übrigens nicht mehr möglich, einen *Befehl* `\fett` zu definieren).

Command ... invalid in math mode.
  Ein Befehl wurde z.B. in einer Formel entdeckt, der dort nicht eingesetzt werden darf.

Counter too large.
  Ein als Buchstabe auszugebender Zähler hat den Maximalwert 26 überschritten.

Environment ... undefined.
  Es wurde ein unbekannter Bereich entdeckt. Ursache ist vermutlich ein Schreibfehler.

File ... not found.
  Das System hat vergeblich versucht, eine Datei einzulesen. Überprüfen Sie zuerst, ob Sie sich in der betreffenden Anweisung vielleicht vertippt haben. Bei der Datei kann es sich um ein Text- oder Makro-File handeln, das via `\include` oder `\input` gelesen werden sollte. Oder ein Paket, das mit `\usepackage` geladen werden soll, existiert nicht oder kann nicht gefunden werden. Im letzten Fall sollten Sie überprüfen, ob die Datei (mit der Endung `.sty`) in das richtige Verzeichnis kopiert wurde. Wenn ja, untersuchen Sie, ob der Inhalt der Umgebungsvariablen, mit denen Ihr System wahrscheinlich arbeitet, in Ordnung ist. Das gilt auch für den Fall, daß der Zugriff auf eine Datei mit der Endung `.cls` (Dokumentenklasse) fehlgeschlagen ist.

Illegal character in array arg.
  Im Formatierungsparameter einer Tabelle (Seite 104ff.), eines Feldes (Seite 134) oder einer `\multicolumn`-Anweisung (Seite 107) wurde ein unzulässiges Zeichen entdeckt.

Illegal use of \verb command.
  Textsequenzen mit `\verb`-Konstruktionen können nicht an Befehle weitergegeben werden. Deswegen darf z.B. in einer Fußnote kein `\verb` auftauchen.

\include cannot be nested.
  Eine unzulässige Verschachtelung von `\include`-Anweisungen wurde entdeckt. Versuchen Sie mit `\input` zu arbeiten.

LaTeX2e command ... in LaTeX 2.09 document.
  In einem Text der mit `\documentstyle` eingeleitet wurde, sind LaTeX 2_ε-Befehle entdeckt worden.

Lonely \item--perhaps a missing list environment.
  Eine `\item`-Anweisung wurde entdeckt, aber kein entsprechender Bereich.

Missing \begin{document}.
Entweder wurde der Befehl vergessen, oder in der Präambel wurde ein Befehl inkorrekt eingegeben (und als zu druckender Text interpretiert).

Missing p-arg in array arg.
Der Formatierungsanweisung p im Formatierungsparameter einer Tabelle, eines Feldes oder einer \multicolumn-Anweisung wurde kein Parameter übergeben (vgl. Seite 109).

Missing @-exp in array arg.
Der @-Anweisung im Formatierungsparameter einer Tabelle, eines Feldes oder einer \multicolumn-Anweisung wurde kein Parameter übergeben (vgl. Seite 110).

No counter ... defined.
Mit \setcounter oder \addtocounter wurde ein nicht definierter Zähler angesprochen. Ursache ist entweder ein Schreibfehler oder, wenn die Meldung während der Bearbeitung der .aux-Datei auftritt, eine außerhalb der Präambel plazierte \newcounter-Anweisung. Löschen Sie nach dieser Meldung vor einer Neuübersetzung die .aux-Datei.

Not in outer par mode.
Im *math-mode* oder in einer Absatzbox wurde ein figure- bzw. table-Bereich angelegt oder die \marginpar-Anweisung verwendet.

No \title given.
Bei einer \maketitle-Anweisung kann LaTeX auf keinen mit \title deklarierten Titel zurückgreifen.

Option clash for package ...
Ein Paket wurde mehrfach mit \usepackage geladen, wobei verschiedene Optionen übergeben wurden.

\pushtabs and \poptabs don't match.
Das Verhältnis von \pushtabs- und \poptabs-Anweisungen in einem tabbing-Bereich ist nicht ausgewogen (vgl. Seite 103).

Something's wrong--perhaps a missing \item.
In einer Liste wurde der Text nicht mit einem \item-Befehl eingeleitet.

Tab overflow.
Es wurden zu viele Tabulatoren gesetzt.

There's no line here to end.
Mit dem \newline-Befehl oder \\ wurde zwischen Absätzen ein Zeilenvorschub angeordnet. Benutzen Sie die \vspace-Anweisung, um zusätzlichen Leerraum einzufügen (vgl. Seite 38).

This file needs format ... but this is ...
Es gibt ein Kompatibilitätsproblem zwischen einem Paket oder einer Klasse und dem von Ihnen verwendeten LaTeX-Release

This may be a LaTeX bug.
Entweder hat ein Fehler in LaTeX selbst diese Meldung ausgelöst, oder, was wahrscheinlicher ist, es handelt sich um einen Folgefehler, der nach dem Übergehen eines früheren Fehlers mit `RETURN` auftrat.

Too deeply nested.
Die Verschachtelung von Listenbereichen wurde zu weit getrieben.

Too many columns in eqnarray environment.
In einem **eqnarray**-Bereich wurden zu viele Spaltensymbole (**&**) entdeckt. Vermutlich wurde ein \\ vergessen.

Too many unprocessed floats.
Es kommen drei Ursachen in Betracht. Entweder wurden mit \marginpar zu viele Randbemerkungen auf einer Seite plaziert oder es wurden zu viele bewegliche Objekte (Tabellen oder Grafiken) angehäuft. Letzteres kann vorkommen, wenn zu viele dieser Objekte deklariert wurden, ohne daß LaTeX sie auf den folgenden Seiten ausgeben kann. Verschieben Sie die Objekte dann etwas zum Textende hin. Die dritte Möglichkeit: Ein Objekt paßt nicht auf eine *Text*seite. Da LaTeX die Reihenfolge der Objekte erhält, stapeln sich dann die anderen Objekte, ohne ausgegeben werden zu können, und es kommt zu einem „Überlauf". Fügen Sie ein \clearpage bzw. \cleardoublepage ein, um die Ausgabe auszulösen oder verwenden Sie den optionalen Parameter p zur Positionierung (vgl. Seite 115 und Seite 160).

Undefined tab position.
Mit einer der Anweisungen \>, \<, \+ oder \- wurde versucht, vor den ersten oder hinter den letzten definierten Tabstopp zu springen (vgl. Seite 99ff.).

Unknown option ... for ...
Mit einem \documentclass- oder \usepackage-Kommando wurde ein optionaler Parameter übergeben, der von der Klasse oder dem Paket nicht verarbeitet wird.

\verb endet by end of line.
Eine \verb-Konstruktion muß in der gleichen Zeile abgeschlossen werden.

\verb illegal in command argument.
Textsequenzen mit \verb-Konstruktionen können nicht an Befehle weitergegeben werden. Deswegen darf z.B. in einer Fußnote kein \verb auftauchen.

\< in mid line.
Die \<-Anweisung darf nur am Anfang einer Zeile auftauchen (vgl. Seite 102).

Warnungen

LaTeX-Warnungen werden bei der Bildschirmausgabe mit `LaTeX Warning:` eingeleitet.

`Command ... invalid in math-mode.`
> Innerhalb einer Formel o.ä. wurde ein dort nicht akzeptierter Befehl entdeckt.

`Float too large for page by ...`
> Ein bewegliches Objekt paßt nicht auf die aktuelle Seite.

`Font shape ... in size ... not available`
> Ein bestimmter Zeichensatz wurde zwar abgerufen, ist aber auf diesem System nicht verfügbar. Es wird anschließend ausgegeben, welchen Zeichensatz LaTeX als Alternative benutzt hat. Diese Meldung kann im Gefolge einer `\boldmath`-Anweisung erscheinen – auch wenn der Zeichensatz im Text tatsächlich nicht abgerufen wird. Ignorieren Sie die Warnung dann.

`h float specifier changed to ht`
> Für einen `figure`- oder `table`-Bereich wurde die Plazierungsoption `h` gewählt. Das bewegliche Objekt war jedoch nicht mehr auf dieser Seite unterzubringen und wurde auf die folgende Seite versetzt.

`Label '...' multiply defined.`
> Ein *label*-Name wurde mehrfach vergeben.

`Label(s) may have changed. Rerun to get cross-references right.`
> Die mit `\ref` oder `\pageref` ausgegebenen Werte sind möglicherweise nicht (mehr) korrekt (vgl. Seite 68). Wiederholen Sie die Übersetzung.

`Marginpar on page ... moved.`
> Eine Randbemerkung wurde auf der Seite nach unten geschoben, andernfalls wäre sie teilweise über eine davorliegende gedruckt worden. Das hat zur Folge, daß die Bemerkung nicht mehr auf der Höhe der Zeile ausgegeben werden kann, in der der `\marginpar`-Befehl plaziert wurde.

`No \author given.`
> Bei einer `\maketitle`-Anweisung kann LaTeX auf keinen mit `\author` deklarierten Autor zurückgreifen.

`Optional argument of \twocolumn too tall on page ...`
> Der einspaltige Vorspann vor einem mit `\twocolumn` zweispaltig gesetzten Textbereich paßt nicht auf eine Seite.

`Oval too small.`
> Ein Rechteck mit abgerundeten Ecken wurde zu klein dimensioniert. LaTeX stellt nicht jede Größe von Viertelkreisen für die Ecken zur Verfügung.

`Reference '...' on page ... undefined.`
> Es wurde versucht, mit `\ref` oder `\pageref` auf ein *label* Bezug zu nehmen, das entweder nicht mit `\label` definiert wurde oder dessen Definition erst noch folgt. Im zweiten Fall genügt es, den Text noch einmal übersetzen zu lassen.

`Some font shapes were not available, defaults substituted.`
Im Text wurde ein Zeichensatz ausgewählt, auf den LaTeX nicht zugreifen konnte.

`There were multiply-defined labels.`
Mit `\label` wurde die gleiche Textmarke mehrfach definiert.

`There were undefined references or citations.`
Zu einem Verweiskommando (`\ref` oder `\pageref`) wurde keine passende, mit `\label` definierte Textmarke gefunden.

`Unused global option(s): [...].`
Dem `\documentclass`-Befehl wurden eine oder mehrere Optionen übergeben, mit denen aber keines der geladenen Pakete etwas anfangen kann.

`You have requested release ... of LaTeX, but only release ... is available.`
Die Dokumentenklasse oder ein geladenes Paket erwarten eine neuere LaTeX-Version.

A.1.2 TeX-Meldungen

Die folgenden Meldungen können von TeX ausgegeben werden.

Fehlermeldungen

`Counter too large.`
Ein Zähler, der in Form von Buchstaben bzw. Symbolen ausgegeben werden soll, hat die Zahl 26 bzw. 9 überschritten. Zu viele `\thanks`-Anweisungen auf der Titelseite führen zur gleichen Meldung.

`Double subscript.`
In einer Formel wurde bei einer wiederholten Tiefstellung nicht korrekt geklammert. Z.B. wird x_{n_2} nicht als `x_{n}_{2}`, sondern als `x_{n_{2}}` eingegeben.

`Double superscript.`
Wie oben, aber mit Hochstellungen.

`Extra alignment tab has been changed to \cr.`
In der Zeile einer Tabelle oder eines Feldes wurden mehr Spalteneinträge vorgefunden, als Spalten definiert wurden. Wahrscheinlich wurde die vorangehende Zeile nicht mit `\\` abgeschlossen.

`Extra }, or forgotten $.`
In einer Formel fehlt eine Klammer, oder es wurde vergessen, mit `\[`, `\(` oder `$` in den *math-mode* zu wechseln.

`Font ... not loaded: Not enough room left.`
Im Text wurden mehr Zeichensätze angefordert, als der Speicherplatz zuläßt.

`I can't find file '...'.`
Eine Datei, auf die via `\input`, `\usepackage` oder `\include` zugegriffen werden soll, wurde nicht gefunden. TeX erwartet dann die Eingabe des korrekten Namens.

Illegal parameter number in definition of ... .
> In einer (Neu-)Definition eines Befehles oder Bereiches wurde ein **#** nicht korrekt verwendet. Das Zeichen **#** darf, wenn damit kein Parameter angesprochen wird, nur in der Form **\\#** auftreten. Andernfalls muß ihm eine Zahl folgen, die nicht größer als die vereinbarte Parameterzahl sein darf (vgl. Seite 180).

Illegal unit of measure (pt inserted).
> Es wurde ein erwartetes Längenmaß (z.B. bei **\parskip**) vergessen, oder die Angabe der Einheit ist inkorrekt oder fehlt. Eine andere Möglichkeit: Einem Befehl, der ein Längenmaß als Parameter erwartet, wurde kein korrekter Parameter übergeben. Wird vor dieser Meldung
>> **Missing number, treated as zero.**
> ausgegeben, wurde kein Wert angegeben. Beachten Sie, daß auch eine Länge 0 z.B. als **0cm** anzugeben ist.

Improper \hyphenation will be flushed.
> Im Parameter des **\hyphenation**-Befehls wurde ein unzulässiges Zeichen aufgespürt (z.B. "u).

Misplaced alignment tab character &.
> Das Zeichen **&** wird in Tabellen und Feldern zur Trennung der Spalten verwendet, es darf im laufenden Text nur als **\&** auftreten.

Missing control sequence inserted.
> Bei einem **\newcommand**-, **\renewcommand**- oder **\newsavebox**-Befehl wurde vermutlich beim ersten Parameter der einleitende *backslash* vergessen. Mit RETURN wird er eingefügt, so daß die Übersetzung fortgeführt werden kann.

Missing number, treated as zero.
> Einem LaTeX-Befehl, der als Parameter eine Zahl oder eine Längenangabe erwartet, wurde nichts dergleichen übergeben. Als Ursache kommt auch eine Textsequenz in Frage, die mit einem [beginnt und einem Befehl folgt, dem optionale Parameter übergeben werden können. In diesem Fall wurde der Text für den Parameter gehalten. Setzen Sie die eckige Klammer dann in geschweifte Klammern.

Missing { inserted.
Missing } inserted.
> Es gab Fehler bei der Klammerung. Der Fehler kann bereits vor der angegebenen Position aufgetreten sein.

Missing $ inserted.
> Im *text-mode* wurde ein Befehl eingegeben, der nur im *math-mode* verwendet werden darf. Beachten Sie auch, daß **\mbox** innerhalb von Formeln einen begrenzten Wechsel in den *text-mode* darstellt, so daß hier nicht ohne weiteres mathematische Kommandos verwendet werden dürfen. Die Meldung wird auch dann ausgegeben, wenn in einer Formel eine Leerzeile auftritt.

Not a letter.
> Im Parameter des **\hyphenation**-Befehls wurde ein unzulässiges Zeichen aufgespürt.

Paragraph ended before ... was complete.
Ein Parameter enthält eine (unzulässige) Leerzeile. Vermutlich wurde eine schließende Klammer vergessen.

\scriptfont ... is undefined (character ...).
\scriptscriptfont ... is undefined (character ...).
\textfont ... is undefined (character ...).
Im *math-mode* wurde ein Zeichensatz verwendet, der dort nicht ohne weiteres verwendet werden kann.

TeX capacity exceeded, sorry [...].
Die Übersetzung des Textes hat bei TEX zu Speicherproblemen geführt. Der zweite Teil der Meldung gibt an, welcher interne Speicherbereich betroffen war.

> **buffersize** : Wahrscheinlich wurde eine zu lange Zeichenkette an einen der Befehle übergeben, die für die Erstellung von Verzeichnissen und Kapitelüberschriften verwendet werden.

> **exception dictionary** : Die mit **\hyphenation** angelegte Trennliste ist zu umfangreich.

> **hash size** : Die Textdatei enthält zu viele Querverweise und/oder selbstdefinierte Befehle.

> **input stack size** : Vermutlich wurde ein Befehl selbstbezüglich definiert, d.h. die Definition enthält selbst den neudefinierten Befehl.

> **main memory size** : Für diese Meldung kommen mehrere Ursachen in Betracht. Entweder wurden zu viele komplexere Kommandos definiert. Oder es tauchen zu viele Eintragungen für ein Stichwortverzeichnis oder Glossar auf einer Seite auf. Außerdem ist es möglich, daß eine Seite derart kompliziert aufgebaut wurde, daß TEX der Speicher ausgeht. Fügen Sie dann ein **\clearpage** vor der betreffenden Seite ein. Der Fehler läßt sich so meist beheben. Versuchen Sie andernfalls, das Problem zu lösen, indem Sie an der Stelle, an der TEX den letzten Absatz der vorangehenden Seite umbricht, ein **\newpage** einfügen. Hilft auch das nicht, sollten Sie den Aufbau der Seite vereinfachen.

> **pool size** : Wahrscheinlich wurden zu viele *labels* oder neue Kommandos definiert. Das Problem ist dabei nicht die eigentliche Anzahl, sondern die Gesamtlänge der Namen. Kürzere Namen schaffen Abhilfe. Die Ursache des Überlaufs kann aber auch eine vergessene rechte Klammer bei einem **\setcounter-**, **\newenvironment-** oder **\newtheorem**-Befehl sein.

> **save size** : Eine zu tiefe Verschachtelung von Bereichen.

Text line contains an invalid character.
Der Text enthält ein Zeichen, das TEX nicht verarbeiten kann (etwa ein Steuerzeichen des Editors).

Undefined control sequence.
Ein unbekannter, in den meisten Fällen ein fehlerhaft eingegebener Befehl, wurde entdeckt. Möglicherweise ist auch ein LaTeX-Befehl außerhalb seines gültigen Kontextes eingegeben worden (etwa eine \item-Anweisung außerhalb eines itemize-Bereichs) oder das \documentclass-Kommando fehlt.

Use of ... doesn't match its definition.
Wahrscheinlich wurde ein Grafikbefehl inkorrekt verwendet. Wird als Name \@array ausgegeben, wurde ein @-Parameter falsch eingegeben (vgl. Seite 110). Möglicherweise wurde auch ein instabiler Befehl nicht durch \protect geschützt.

You can't use 'macro parameter character #' in ... mode.
Das # tauchte im normalen Text auf, geben Sie es als \# ein.

Warnungen

Overfull \hbox ...
Es wurde keine Möglichkeit gefunden, die Zeile korrekt zu umbrechen. Die Folge ist, daß diese Zeile über den rechten Rand des Satzspiegels herausragt. Unterstützen Sie bei sehr langen Worten die automatische Silbentrennung, um dies zu vermeiden (vgl. Seite 23ff.). TeX gibt in runden Klammern an, um wieviele Punkte die Zeile über den Rand herausragt.

Overfull vbox ...
Es wurde keine optimale Stelle für den Seitenumbruch gefunden, so daß TeX etwas mehr Text auf eine Seite packt, als vorgesehen. Dies kann z.B. bei sehr langen Tabellen vorkommen.

Underfull \hbox ...
Eine Zeile wurde nicht optimal mit Worten aufgefüllt. Der \sloppy-Befehl oder die Einfassung von Text in einen sloppypar-Bereich können dies bewirken. Ursache kann auch der unbedachte Einsatz von \newline oder \\ sein.

Underfull \vbox ...
Eine Seite wurde nicht optimal mit Text ausgefüllt, weil keine geeignete Stelle für den Seitenumbruch gefunden wurde.

A.2   Dateinamen

Die Dateien, die LaTeX bei der Bearbeitung Ihrer `.tex`-Datei anlegt, tragen den gleichen Namen wie diese Datei, aber andere Namenserweiterungen. Deren Bedeutung wird im folgenden kurz erklärt.

`.aux` In dieser Hilfsdatei werden Daten für die Verwaltung von Querverweisen zwischengespeichert; außerdem die Einträge für das Inhaltsverzeichnis und die Verzeichnisse der Tabellen und Abbildungen. Auch für die via `\include` eingelesenen Dateien werden `.aux`-Dateien angelegt.[*]

`.cls` Dokumentenklassendateien, die mit dem `\documentclass`-Befehl eingelesen werden.

`.dlg` Von *Previewer* und Druckertreiber des emTeX-Systems erzeugte Protokolldateien.

`.dtx` Dokumentierte Paketdateien, die von LaTeX wie gewöhnliche `.tex`-Dateien berarbeitet werden können, so daß man die Paketdokumentation ausdrucken kann.

`.dvi` Die geräteunabhängige Datei, die LaTeX aus Ihrem Text erzeugt. Diese Datei kann an den Druckertreiber und das Seitenvorschau-Programm (*preview*-Programm) übergeben werden.

`.fff` Bei Verwendung des **endfloat**-Paketes erzeugte Hilfsdatei.

`.glo` Diese Datei enthält Informationen zum Erstellen eines Glossars. Sie wird nur angelegt, wenn dies mit dem Befehl `\makeglossary` angeordnet wird.[*]

`.idx` Eine Datei mit dieser Namenserweiterung enthält die Einträge für das Stichwortverzeichnis. Sie wird nur angelegt, wenn dies mit dem Befehl `\makeindex` angeordnet wird.[*]

`.ilg` Eine von **MakeIndex** erzeugte Protokolldatei.

`.ind` Eine von **MakeIndex** auf der Basis einer `.idx`-Datei erzeugte Indexdatei, die mit `\printindex` weiterverarbeitet wird.

`.lof` Diese Datei enthält Daten für das Verzeichnis der Grafiken. Sie wird nur erzeugt, wenn der Text die Anweisung `\listoffigures` enthält.[*]

`.log` Die Protokolldatei. Sie enthält alle Bildschirmausgaben von TeX bzw. LaTeX und einige zusätzliche Informationen. Diese Datei wird immer angelegt.

`.lot` Diese Datei enthält Daten für das Verzeichnis der Tabellen. Sie wird nur angelegt, wenn die Anweisung `\listoftables` im Text erscheint.[*]

`.sty` Paketdateien, die via `\usepackage` eingelesen werden.

`.toc` Aufgrund der in dieser Datei gespeicherten Daten wird das Inhaltsverzeichnis angelegt. Die Datei wird nur dann angelegt, wenn der Text die Anweisung `\tableofcontents` enthält.[*]

`.ttt` Bei Verwendung des **endfloat**-Paketes erzeugte Hilfsdatei.

---

[*] Fügt man die Anweisung `\nofiles` in die Präambel ein, wird diese Datei nicht angelegt.

A.3 Instabile Befehle

Es gibt einige Befehle, deren Parameter an verschiedenen Stellen weiterverarbeitet werden können. Leslie Lamport bezeichnet solche Parameter als *moving arguments*. Zum Beispiel sorgt der \chapter-Befehl für die Ausgabe einer Kapitelüberschrift und ggf. für eine entsprechende Kopfzeile, sowie einen Eintrag im Inhaltsverzeichnis. Bei der hierfür notwendigen Zwischenspeicherung während der Bearbeitung kann es, in seltenen Fällen, zu Schwierigkeiten kommen. Die Instabilität betrifft nicht direkt den Befehl oder dessen Parameter, sondern Befehle, die in diesem Parameter auftreten. Diesen Befehlen ist ein \protect voranzustellen, um sie so zu schützen, daß sie bei der Zwischenspeicherung nicht „beschädigt" werden. Ein \protect wirkt nur auf den direkt folgenden Befehl. Instabil sind z.B. alle Befehle mit optionalen Parametern und die \begin- und \end-Anweisungen. Wenn Sie auf Nummer sicher gehen wollen, können Sie alle Befehle in solchen *moving arguments* schützen. Ein \protect-Befehl darf nicht im Parameter von \setcounter oder \addtocounter verwendet werden. In den Parametern folgender Anweisungstypen kann es notwendig sein, Befehle zu schützen:

▷ Anweisungen, die zur Erstellung der Inhalts-, Abbildungs- und Tabellenverzeichnisse dienen können (also die Gliederungsanweisungen, \caption, \addcontentsline, \addtocontents).

▷ \typein, \typeout, \markboth, \markright und die \thanks-Anweisung.

▷ Der Bereich letter.

▷ Die @-Anweisung in einer Tabelle oder einem Feld.

"(Umlaute)	\footnotesize	\multicolumn	\renewenvironment
*[...]	\footnotetext	\multiput	\rule
[...]	\frame	\newcommand	\samepage
\(	\framebox	\newcounter	\savebox
\)	\frenchspacing	\newenvironment	\scriptsize
\[	\glossary	\newlength	\setcounter
\]	\Huge	\newline	\shortstack
\addtocounter	\huge	\newsavebox	\small
\addvspace	\include	\newtheorem	\smallskip
\begin{...}	\index	\nolinebreak	\sqrt
\bigskip	\input	\nonfrenchspacing	\tiny
\boldmath	\item[...]	\nopagebreak	\twocolumn
\caption	\label	\normalsize	\typein
\circle*	\LARGE	\onecolumn	\typeout
\circle	\Large	\oval	\unboldmath
\cleardoublepage	\large	\pagebreak	\underline
\dashbox	\line	\pageref	\usecounter
\end	\linebreak	\parbox	\vector
\enlargethispage*	\makebox	\put	\vspace
\enlargethispage	\markboth	\raisebox	
\footenotemark	\markright	\ref	
\footnote	\medskip	\renewcommand	

Tabelle A.1: Instabile Befehle

Anhang B

Hilfsmittel

Dieses kurze Kapitel stellt einige nützliche Hilfsmittel für LaTeX-Anwender vor. Es soll hier nicht auf Details eingegangen werden. Diese werden in den Dokumentationsdateien abgehandelt, die mit jeder Software herausgegeben werden.

B.1 Unterstützung der Rechtschreibprüfung

LaTeX-Quelltexte können von gewöhnlichen Spellcheckern nicht verarbeitet werden. Dieses Problem löst **dvispell**, ein Programm das LaTeX-Files in ein allgemein lesbares Format umsetzt indem es die Textinformationen aus `.dvi`-Dateien extrahiert. Diese können dann an jeden Spellchecker weitergegeben werden. Wenn man bei der Prüfung einen Fehler findet, fehlt einem zwar die direkte Referenz auf die Position des fehlerhaften Wortes im Quelltext. Bei einem modernen Betriebssystem ist das aber kein allzu großes Problem, wenn man zwei Fenster öffnen kann: Im einen läuft die Rechtschreibprüfung, im anderen der Editor.

Gestartet wird das Programm mit folgender Aufrufsyntax:

```
dvispell [Optionen] <dvi-Datei> [Ausgabedatei]
```

Um also z.B. eine Datei text.tex umzuwandeln, ist sie, wenn noch keine `.dvi`-Datei existiert, zunächst an LaTeX zu übergeben. Dann kann mit

```
dvispell text text.spl
```

eine Ausgabedatei `text.spl` erzeugt werden.[1] Wenn die Rechtschreibprüfung Probleme mit Trennstrichen am Zeilenende hat, sollten Sie **dvispell** folgendermaßen aufrufen.

---

[1] Die Angabe einer Ausgabedatei ist optional. Fehlt die Angabe, wird auf den Bildschirm ausgegeben, was man sich zunutze machen kann, wenn man den Text direkt in eine andere Anwendung umleiten möchte.

```
dvispell -c hyphen text text.spl
```

Die Trennungen werden dann aufgehoben. Die Option -n fügt am Zeilenanfang Seitennummern ein, was einerseits das Auffinden des Fehlers erleichtern kann, andererseits aber möglicherweise die Rechtschreibprüfung irritieren wird.

B.2   Grafikexport und Faxen mit dem PC

Zum emTeX-Paket gehört eine Reihe von zeichensatzbezogenen Batchfiles (`pcx*.bat` im `\emtex\bin`-Verzeichnis), die `.dvi`-Dateien in `.pcx`-Dateien umsetzen. Das eröffnet zunächst einmal die Möglichkeit, mit LaTeX erzeugte Diagramme oder Formeln in eine andere Anwendung, etwa eine Textverarbeitung, zu übernehmen.

Weit interessanter ist, daß die meisten Faxprogramme in der PC-Welt mit diesem Format arbeiten – Sie haben so die Möglichkeit, LaTeX-Produkte direkt vom Arbeitsplatz aus faxen zu können. Benutzen Sie hierfür die Stapeldatei `pcxfax.bat`. Um eine Datei `text.dvi` in eine Datei `fax.pcx` zu konvertieren geben Sie

```
pcxfax text fax
```

ein.

B.3   TeXtelmExtel

TeXtelmExtel von Andreas Krebs ist eine Shell für TeX/LaTeX-Systeme. Sie ist auf emTeX zugeschnitten, dürfte aber, dank aller nötigen Konfigurationsoptionen, auch mit anderen Systemen einsetzbar sein. Es handelt sich um eine ansprechend gestaltete MDI Anwendung unter Windows. Die leichte, intuitive Bedienbarkeit machen das Programm auch für Anfänger interessant.

Neben TeX selbst können alle `dvi`-Programme, `MakeIndex`, Spellchecker Hilfsprogramme des Benutzers (wie z.B. Grep) etc. eingebunden werden. Diese eingebundenen Programme werden dann direkt aus der Shell gestartet. Das System arbeitet mit einzelnen Textdateien, genauso wie mit Projekten, die aus mehreren Datein bestehen, wobei auch Abhängigkeiten zwischen solchen Dateien dargestellt werden können.
Bemerkenswert ist die Fähigkeit, Befehle und Befehlsstrukturen aus editier- und erweiterbaren Templates direkt in den Text einzufügen. Bei komplexeren Befehlen (z.B. bei `\documentclass`) können Parameter im Dialog abgefragt werden. Symbole und mathematische Sonderzeichen können aus Listen heraus per Mausklick eingefügt werden. Das Hilfesystem bietet eine gute LaTeX-Befehlsreferenz. Der Editor erfüllt alle Anforderungen des LaTeX-Benutzers.

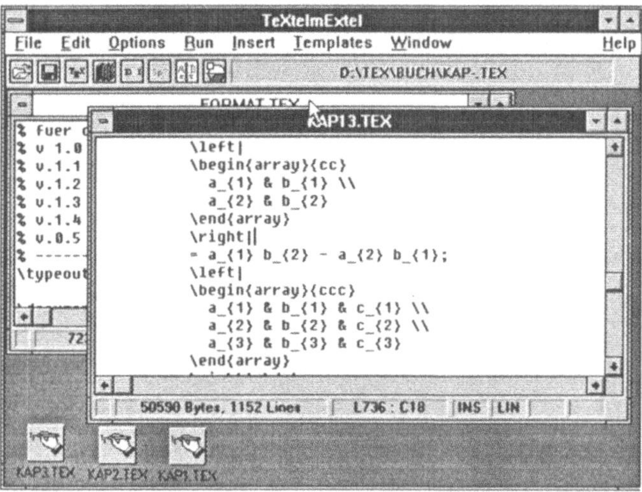

Die T_EX-Shell TeXtelmExtel unter Windows 3.1

Abgesehen davon, daß es sich hier um eine sehr leistungsfähige – *freie* – Software handelt, habe ich TeXtelmExtel auch deswegen erwähnt, weil ich befürchte, daß es T_EX, zumindest in der PC-Welt, als reines Kommandozeilensystem immer schwerer haben wird. Eine Arbeitsumgebung unter Windows dürfte aber dazu beitragen, Anfängern Berührungsängste zu nehmen und eingefleischten Windows-Anwendern die gewünschte Konsistenz ihres Arbeitsumfeldes zu erhalten.

Anhang C

Kontakte, Bezugsquellen, Literatur

C.1   Kontakte und Bezugsquellen

Wenn Sie beabsichtigen, intensiver mit LaTeX zu arbeiten, sollten Sie Mitglied der „Deutschsprachigen Anwendervereinigung TeX e.V." (DANTE) werden. Sie erhalten dort Informationsmaterial, Beratung, freie Software und LaTeX-Lösungen für alle denkbaren Probleme. Informationen erhalten Sie von

> DANTE, Deutschsprachige Anwendervereinigung TeX e.V.
> Postfach 10 18 40
> D-69008 Heidelberg 1
>
> Tel.: 06221/29 76 6
> Fax: 06221/16 79 06
> e-mail: `dante@dante.de`

Software können Sie – auch wenn Sie kein Mitglied sind – vom DANTE-Fileserver (`ftp.dante.de`) beziehen. Die entsprechenden Verzeichnisstrukturen befinden sich dort unterhalb von `\pub\tex`. Diese Strukturen sind in identischer Form auch auf den Fileservern einiger Universitäten oder THs zu finden. Der Informationsaustausch zwischen LaTeX- bzw. TeX-Anwendern findet im Internet in `de.comp.tex` statt.

C.2   Literatur

Michael Goossens, Frank Mittelbach, Alexander Samarin – DER LaTeX-BEGLEITER

Donald E. Knuth – THE TeXBOOK (I.E. COMPUTERS AND TYPESETTING - VOL. A)

Helmut Kopka – LaTeX BAND 1 – EINFÜHRUNG

Helmut Kopka – LaTeX BAND 2 – ERGÄNZUNGEN

Helmut Kopka – LaTeX BAND 2 – ERWEITERUNGEN

Leslie Lamport – DAS LaTeX-HANDBUCH

Norbert Schwarz – EINFÜHRUNG IN TeX

Friedhelm Sowa – TeX/LaTeX UND GRAPHIK: EIN ÜBERBLICK ÜBER DIE VERFAHREN

Reinhard Wonneberger – KOMPAKTFÜHRER LaTeX

Mit den TeX/LaTeX-Systemen werden im allgemeinen Unmengen von Dokumentationsmaterial in Form von LaTeX- oder normalen Textdateien ausgeliefert. Hinzuweisen ist besonders auf folgende Texte des LaTeX3 Project Teams:

    `usrguide.tex` – LaTeX 2_ε FOR AUTHORS

    `cfgguide.tex` – CONFIGURATION OPTIONS FOR LaTeX 2_ε

    `clsguide.tex` – LaTeX 2_ε FOR CLASS AND PACKAGE WRITERS

    `fntguide.tex` – LaTeX 2_ε FONT SELECTION

Außerdem auf

    `l2kurz.tex` – LaTeX 2_ε-KURZBESCHREIBUNG

von Jörg Knappen, Hubert Partl, Elisabeth Schlegl und Irene Hyna.

Stichwortverzeichnis

Befehle